AF390372

L'ART
DE FAIRE LE VIN ROUGE,
CONTENANT
LES PREMIERS PROCÉDÉS PUBLIÉS
PAR L'AUTEUR,

Et les nouveaux qu'il a imaginés depuis, pour façonner les Vins rouges, 1°. dans les années de maturité ; 2°. dans les années où les raisins ne font mûrs qu'en partie ; 3°. dans les années où ils font très verds, & celles où ils ont été gêlés fur les ceps ; 4°. dans les années & les vendanges pluvieufes :

Avec les Expériences qui en ont été faites ; le Décret de la Faculté de Medécine, & l'Avis du Corps des Marchands de Vin à Paris ; & encore avec des Planches, & la Lifte des Soufcripteurs.

A l'ufage de tous les Vignobles du Royaume.

Par M. MAUPIN.
PREMIER VOLUME.

Prix, 7 liv. broché.

A PARIS,

Chez MUSIER, fils, Libraire, rue du Foin S. Jacques.

M. DCC. LXXV.

Avec Approbation, & Privilege du Roi.

PRÉFACE.

Quoique les Souscripteurs pour le présent Ouvrage soient en bien moins grand
nombre que je ne l'avois demandé, & que
par cette raison je sois déterminé à prolonger le terme de la souscription jusqu'à la
fin d'Août 1776 ; cependant, pour ne point
tromper l'attente des personnes qui ont déja
souscrit, & en même-temps dans l'espérance
que beaucoup de celles qui ne m'ont pas
donné la même marque de confiance, ne
tarderont pas à me l'accorder, quand elles
verront les faits & les autorités que j'ai à
mettre sous leurs yeux, j'ai cru, malgré le
petit nombre de Souscripteurs & la prolon-
gation de la souscription, ne devoir pas dif-
férer plus long-temps à donner ce nouveau
Traité de la manipulation des vins.

Ce Traité sera composé, ainsi que je l'ai
annoncé dans le *Prospectus*, de quatre Cha-
pitres. Le premier contiendra les *Éléments*,
ou *Principes de l'Art de faire le Vin*. Dans
ce Chapitre & les suivants, j'aurai soin de

faire remarquer, à mesure que l'occasion s'en présentera, non seulement quelques-uns des principaux inconvénients des pratiques ordinaires, mais encore de discuter les documents qu'ont donné, sur la matiere que je traite, quelques Auteurs modernes, dont les méprises sont d'autant plus dangereuses que leurs ouvrages de Chymie ou d'Œnologie sont plus connus. Ces remarques serviront, en même-temps, à justifier ce que j'ai avancé, que c'est à moi que la Chymie françoise doit une de ses plus belles parties, & peut-être la plus intéressante de toutes, *la Manipulation des Vins*. Je donnerai dans le second Chapitre mes premiers procédés, au nombre de quatre, pour faire le vin rouge, relativement aux différents états de maturité ou de verdeur des raisins. Dans le troisieme Chapitre, je communiquerai les nouveaux procédés que j'ai imaginés depuis les premiers, & qui sont aussi au nombre de quatre, pour façonner les vins rouges dans les circonstances énoncées au titre.

J'indiquerai dans ce Chapitre les instruments qui me paroiſſent les plus propres à perfectionner l'opération du foulage , principalement dans certaines années ; j'en donnerai la deſcription , mais non les planches, au moins pour le préſent , par les raiſons qu'on en verra dans l'Ouvrage.

Les expériences nombreuſes qui ont déja été faites de mes procédés , ſur-tout des premiers , feront , avec quelques réflexions ſur la nouveauté & les grands avantages de ces procédés , la matiere du quatrieme Chapitre , que je terminerai par le décret de la Faculté de Médecine , & l'avis du Corps des Marchands de vins à Paris.

A l'égard de la Liſte des Souſcripteurs , on conçoit que la ſouſcription n'étant point encore fermée , ce n'eſt point à préſent le moment de la publier , mais je la donnerai ſans faute au mois d'Août de l'année prochaine , en rendant compte des nouvelles expériences qui ſeront parvenues à ma connoiſſance , principalement des ſeconds procédés , moins éprouvés & plus efficaces encore que les premiers. Toutes les perſonnes qui , d'ici à ce temps , ſouſcriront & ache-

feront le préfent Ouvrage, feront mifes fur
cette Lifte, auront *gratis*, de même que les
premiers Soufcriptcurs, le fecond Volume
que je viens d'annoncer pour le mois d'Août
1776, & au prix coûtant tous ceux que je
pourrai donner par la fuite fur la matiere
dont il s'agit ici.

Au moyen de cette facilité & des autorités que je rapporterai dans cet Ouvrage, qui
ne fera délivré qu'aux feuls Soufcripteurs,
je veux dire aux perfonnes feules qui donneront leur nom, & auxquelles, foit à Paris,
foit en Province, on remettra avec l'exemplaire une reconnoiffance fignée de moi,
contenant mon reçu (1) : au moyen de cette

---

(1) Cette reconnoiffance fera le feul titre fur lequel on pourra
prétendre aux avantages de la foufcription ; en conféquence on
en délivrera une avec, & pour chaque exemplaire, non feulement aux Soufcripteurs mêmes, mais encore aux Libraires de
Paris ou de Province, qui, de leur côté, prendront & me feront favoir le nom & la qualité des perfonnes auxquelles ils
remettront ou auront remis lefd. reconnoiffances & exemplaires. On pourra s'adreffer pour raifon de la foufcription dont il
s'agit, ou à moi, même maifon que M. *Mufier*, ou à M. *Mufier*
même, Libraire à Paris, rue du Foin-Saint-Jacques : mais on
aura la bonté d'affranchir les Lettres, fans quoi elles ne feroient
point reçues.

facilité, dis je, j'ai lieu de croire que beaucoup des Seigneurs & des propriétaires de vignobles qui n'ont point encore foufcrit, foufcriront; mais fur-tout je crois pouvoir faire fond fur l'empreffement de toutes les Maifons Religieufes & Eccléfiaftiques, & de tous les Curés de pays de vignobles; éclairés & animés du bien public, comme fans doute ils le font, loin d'avoir à leur reprocher d'autorifer en aucune maniere, des préjugés & une obftination qu'ils doivent s'efforcer de détruire, il eft à préfumer au contraire qu'on n'aura qu'à les louer, de même que déja plufieurs d'entr'eux, d'avoir combattu les pratiques reçues, & fait valoir, par tous les moyens que l'exemple & l'inftruction peuvent fournir, celles que je publie; par-là ils entreront, je crois pouvoir le dire, dans les vues du Miniftere, qui, depuis plufieurs années, s'eft éclairé publiquement en faveur de ces pratiques, & en même-temps ils feront leur bien propre & celui de l'Etat : tant de motifs réunis ne doivent point, ce femble, permettre de douter de leur zele, & qu'ils ne s'empreffent d'en configner les preuves dans la Lifte qui doit l'attefter au Public & au Gouvernement.

Quoique jufqu'à préfent il ne me foit point revenu qu'on fe foit plaint aucunement du prix que j'ai mis à cet Ouvrage ; cependant, comme il ne feroit pas impoffible que quelques perfonnes trouvaffent ce prix exceffif relativement à l'épaiffeur du volume, je penfe devoir, en tant que de befoin, me juftifier à cet égard. Dans cette vue, j'obferverai, 1°. qu'il me paroît qu'en bonne regle, il devroit en être des Livres comme il en eft généralement de tous les objets de commerce, qui, quoique du même genre, fe vendent plus ou moins, fuivant leur plus ou moins de qualité. Quelle différence de prix, par exemple, entre un papier, même blanc, & un autre ? 2°. Que mes recherches & mes expériences depuis 15 ans fur la vigne, me coûtant très cher, & plus de mille louis, le Public, qui ne pourroit fe plaindre quand je lui vendrois mes découvertes avec profit, le peut encore bien moins quand je les lui donne à ma perte & à beaucoup moins qu'elles ne me coûtent : en fuppofant même autant de Soufcripteurs que j'en ai demandé pour *l'Art de faire le Vin*, je ne retirerois guere que le quart de ce que j'ai avancé. Je pourrois ajouter que je ne fuis pas riche ; mais je le ferois, que, comme cette maniere de donner au Public n'entre point dans mes principes, & en général me paroît plus oftentatoire que bien vue, je n'en ferois pas plus difpofé à la pratiquer : ainfi je ne me fervirai point de cette excufe, qui feroit fauffe pour moi. 3°. Ce qui répond à tout, qu'une des conditions de la foufcription étant que je fournirai aux Soufcripteurs, *au prix coûtant*, les fuites que je pourrai donner à cet Ouvrage, & qu'il ne tiendra pas à moi de lui donner, il faut avoir égard, pour l'évaluation, non feulement au volume que je livre préfentement, mais encore à ceux que je pourrai livrer à l'avenir, & fur lefquels je ne prendrai exactement que mes avances. Au moyen de cet arrangement, & fur-tout du fecond Volume que je m'engage de donner *gratis*, il eft aifé de voir que, loin que le prix de la foufcription foit exorbitant, au contraire il peut devenir beaucoup au-deffous de ce qu'il auroit dû être, en fuivant l'ufage ordinaire.

Au refte, cet arrangement peut produire un très grand bien : d'un côté, parcequ'étant affuré du rembourfement des frais d'impreffion & d'édition, je m'en porterai bien plus volontiers à les faire quand l'occafion s'en préfentera ; & que de l'autre, les Soufcripteurs qui n'auront, pour ainfi dire, rien à débourfer, s'en porteront auffi bien plus volontiers à rechercher les nouvelles inftructions que je pourrai avoir à leur donner, & dont eux-mêmes pourront fouvent me fournir la matiere, en me faifant part du fuccès de leurs expériences, des cas particuliers où ils pourront fe trouver, de leurs ufages, des qualités & des défauts de leurs vins, & en général de tout ce qu'ils croiront avoir intérêt de me communiquer, ou pouvoir contribuer au progrès de l'art. Cette correfpondance ne pouvant que tourner à leur avantage, comme à celui du Public, je me flatte qu'ils voudront bien m'inftruire, au moins, du réfultat & des circonftances principales des expériences qu'ils feront cette année, & m'en inftruire affez à temps pour que je puiffe en faire ufage & les publier avec mes obfervations dans le fecond Volume : c'eft une complaifance que je les prie de ne point me refufer, comme auffi de me faire paffer leurs Lettres franches de port. En continuant ainfi toutes les années, autant qu'ils le jugeront convenable, ils me mettront à portée de donner reguliérement au même mois d'Août, une efpece de Journal annuel fur les vins, dont il eft aifé de concevoir les avantages, & tel qu'il feroit fort à defirer qu'il y en eût un particulier pour chaque partie principale de l'agriculture.

De pareils Journaux, faits par des Agronomes expérimentés, & qui fe feroient exercés eux - mêmes avec diftinction dans la partie que chacun d'eux traiteroit, porteroient, par le grand nombre d'expériences, de faits, d'obfervations & de critiques qu'ils contiendroient ; porteroient, dis - je, le plus grand jour dans les branches les plus effentielles de l'économie rurale. Peut-être même n'eft- ce que par ce moyen, c'eft-à-dire, en prenant l'agriculture par partie, qu'on peut espérer de pouvoir la porter, avec le temps, au plus haut degré de perfection qu'elle puisse atteindre.

Quoi qu'il en soit, je joindrai à l'Ouvrage que j'annonce, la Table des matieres que j'avois promis pour celui-ci ; & que, faute de temps, je n'ai pu composer, & par conséquent faire imprimer.

Les discussions & les contre-temps qui m'ont pris le loisir qui m'auroit été nécessaire pour faire cette Table, ne m'ayant point permis de m'occuper, autant que je l'aurois desiré, de la nouvelle méthode de cultiver la vigne, je ne pourrai la donner qu'à la fin de Janvier prochain, c'est-à-dire pour le temps juste où on pourra la mettre en pratique (1).

―――――――――――――――

(1) Cette Méthode, dont je donnerai deux Volumes, exigeant en général dans les ceps, des distributions toutes différentes de celles qui sont en usage, je crois, en attendant que je la donne, devoir avertir les personnes qui se disposent à la suivre, de ne faire ni provigner, ni fumer, ni tailler les parties des vignes qu'elles y destinent, vû que ces opérations rendroient absolument impraticables, pour la prochaine année, les nouvelles distributions que j'ai à proposer, & qui peuvent se réduire à trois principales. La premiere, la plus universelle, celle qui

Quant aux vues que j'ai déja annoncées pour la façon de tous les vins fins en rouge, & celle de tous les vins blancs, je suis au moins aussi empressé de les proposer, qu'on peut l'être de les connoître ; cependant je ne crois pas devoir les communiquer , & celles qu'on me demande pareillement pour la façon du cidre , que je ne me sois assuré des intentions du Gouvernement à cet égard, & de ses dispositions favorables sur les recherches & les découvertes que j'ai déja données & que je donne encore aujourd'hui. Dans cette double intention , je lui ferai part

---

convient le plus à toutes les vignes faites , consiste en rangées de ceps à quatre pieds l'une de l'autre. Les ceps , dans les rangées, doivent être à deux pieds. Dans la seconde , que je juge convenir , particuliérement aux vignobles de distinction , les ceps seront à deux pieds en tous sens. J'estime que dans la la troisieme , qui ne regarde que les vignes à faire , & qu'on destinera en partie à mettre en grains , comme devroient être le plus grand nombre des vignes dans les vignobles communs , les rangées doivent être à douze pieds , & dans les rangées , les ceps à cinq à six pieds.

Les personnes qui , sur ce que je viens de dire , & sans attendre l'Ouvrage jugeroient à propos d'opérer , doivent observer , 1°. de choisir toujours les meilleurs ceps, quand bien même en les couchant, on ne pourroit pas les amener juste à l'allignement de la rangée. 2°. De les coucher , plus ou moins avant ,

des demandes qui me font faites ; mais c'est à quoi je me bornerai jufqu'à ce que j'aie reçu fes ordres.

---

fuivant la qualité de la terre , & comme on le pratique quand on provigne , fi ce n'eft que pour expédier & économifer , on fera beaucoup moins large l'ouverture ou tranchée dans laquelle on couchera & étendra le cep : un demi-pied de largeur fera fuffifant. 3°. De ne faire d'abord que des tentatives en petit , afin de bien s'affurer de la maniere de faire l'opération avant de s'y livrer en grand. 4°. De ne point tailler les vignes ainfi rangées , jufqu'à ce que mon Ouvrage ait paru ; en conféquence on couchera les ceps avec autant de gros brins qu'il fera poffible. Il eft fans doute inutile d'avertir d'arracher les ceps qui ne fe trouveront point dans les rangées.

ment à celui du 10 Avril 1725, à peine de déchéance de la préſente Permiſſion ; qu'avant de l'expoſer en vente, le manuſcrit qui aura ſervi de copie à l'impreſſion dudit Ouvrage, ſera remis dans le même état où l'Approbation y aura été donnée, ès mains de notre très cher & féal Chevalier, Garde des Sceaux de France, le Sieur HUE DE MIROMENIL ; qu'il en ſera enſuite remis deux Exemplaires dans notre Bibliotheque publique, un dans celle de notre Château du Louvre, un dans celle de notre très cher & féal Chevalier Chancelier de France, le Sieur DE MAUPEOU, & un dans celle du Sieur HUE DE MIROMENIL ; le tout à peine de nullité des Préſentes DU CONTENU deſquelles vous MANDONS & enjoignons de faire jouir ledit Expoſant & ſes ayants cauſes, pleinement & paiſiblement, ſans ſouffrir qu'il leur ſoit fait aucun trouble ou empêchement. VOULONS qu'à la copie des Préſentes, qui ſera imprimée tout au long au commencement ou à la fin dudit Ouvrage, foi ſoit ajoutée comme à l'original. COMMANDONS au premier notre Huiſſier ou Sergent ſur ce requis, de faire pour l'exécution d'icelles tous actes requis & néceſſaires, ſans demander autre permiſſion, & nonobſtant clameur de Haro, Charte Normande, & Lettres à ce contraires ; Car tel eſt notre plaiſir. DONNÉ à Verſailles le deuxieme jour du mois d'Août, l'an de grace mil ſept cent ſoixante quinze, & de notre regne le deuxieme. Par le Roi en ſon Conſeil.

LE BEGUE.

Regiſtré ſur le Regiſtre XIX. de la Chambre Royale & Syndicale des Libraires & Imprimeurs de Paris, Nº. 360, Fol. 478, conformément au Réglement de 1723, qui fait défenſes à toutes perſonnes, de quelque qualité & condition qu'elles ſoient, autres que les Libraires & Imprim. de vendre, debiter, faire afficher aucuns livres pour les vendre en leurs noms, ſoit qu'ils s'en diſent les Auteurs ou autrement, & à la charge de fournir à la ſuſdite Chambre huit exemplaires preſcrits par l'art. 108 du même Réglement. A Paris ce 21 Août 1775. HUMBLOT, Adjoint.

L'ART

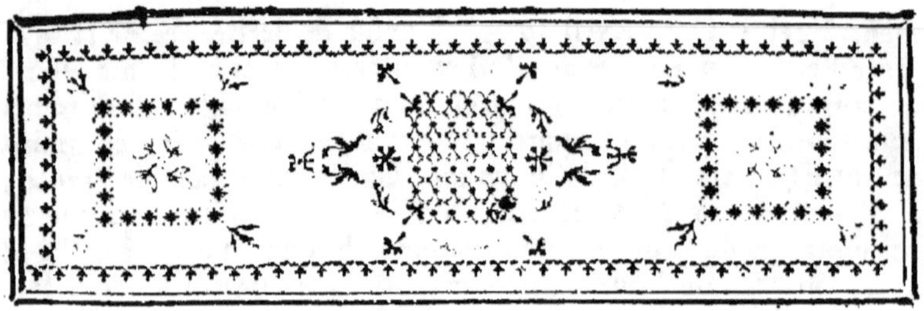

L'ART
DE FAIRE LE VIN ROUGE.

CHAPITRE PREMIER.

Principes de l'Art de faire le Vin.

Le vin est une liqueur qui ne peut être produite que par la fermentation. Sans la fermentation, il est impossible de faire du vin : premier principe.

Mais la fermentation est plus ou moins parfaite ; elle donne un vin plus ou moins bon, suivant qu'il y a une plus ou moins grande quantité des substances fermentescibles du moût sur lesquelles elle agit. Il est clair que si la fermentation ne se passe que dans une portion de ces substances, il n'y a, à proprement parler, que cette portion qui puisse être regardée comme vin : celle qui n'a point fermenté, ne peut passer pour telle ; ainsi, si la portion fermentée ne monte qu'au tiers ou à la moitié de ce qui est fermentescible, le vin ne peut être réputé vin que pour un tiers ou pour une moitié, puisqu'il

A

n'y a que ce tiers ou cette moitié qui ait reçu la combinaison vineuſe, & non la totalité (1) : donc la fermentation univerſelle eſt la plus parfaite, celle qui donne le meilleur vin, le vin le plus vineux : ſecond principe.

Pour que la fermentation ſoit univerſelle & parcoure ſans exception toutes les parties du moût, au moins autant qu'il eſt poſſible, il faut qu'elle ſoit prompte, c'eſt-à-dire grande, forte, vigoureuſe, & même violente; en général la fermentation eſt d'autant meilleure qu'elle eſt rapide. Ce principe eſt certain, quoiqu'en penſent beaucoup de perſonnes, & même des Savants.

Dans un Mémoire imprimé, qui a remporté le prix de Phyſique à l'Académie de Lyon en 1761, l'Auteur prétend que « c'eſt une erreur de croire, » comme on le croit communément, que plus la fermentation eſt violente, & plus le vin eſt généreux. » Dans une violente agitation, continue-t-il, les » principes ſont confondus, & dans un tel mouvement, que la combinaiſon ne s'en fait pas exacte-

---

(1) De-là vient la verdeur des vins & beaucoup de leurs autres défauts ; tels que leur crudité, leur peu de chaleur & de durée, leur félage ou graiſſe, lorſqu'ils ſont faits de raiſins mûrs.

Cet avis regarde toutes les perſonnes & les vignobles qui, comme la Bourgogne, la Champagne & beaucoup d'autres, ſont dans l'uſage de tirer leur vin ſur la couleur & avant ſa parfaite fermentation.

« ment : le vin n'eſt jamais auſſi excellent que quand
» la fermentation moins fougueuſe ſubſiſte quelque
» temps. » Mais 1°. en Chymie, les combinaiſons
qui ſe font avec grande efferveſcence, en ſont-elles
toujours pour cela moins intimes & moins parfaites ?
2°. Si la fermentation manque de feu ou de force,
comment pourra-t-elle ſe faire jour & s'établir dans
le ſuc des raiſins verds, c'eſt-à-dire, dans des parties
qui en ſont dans le plus grand éloignement ? Plus
le moût a de verdeur, & plus il faut que la fermentation ſoit ardente.

Inutilement penſeroit-on avec M. Macquer (pag.
633 de ſon *Dictionnaire de Chymie*, au mot *Vin*)
que la grande rapidité de la fermentation peut avoir
au moins l'inconvénient d'opérer une diſſipation &
une déperdition des parties ſpiritueuſes. Car 1°. toutes
choſes égales d'ailleurs, on ne voit pas pourquoi cette
déperdition d'eſprits n'auroit pas lieu dans une fermentation lente, comme dans celle qui ne l'eſt pas,
ſi ce n'eſt parcequ'il s'y fait moins d'eſprits. 2°. Le
travail ſe faiſant par ſuppoſition en 12, 24 ou 48
heures, il paroît qu'il doit s'échapper moins de parties volatiles ſpiritueuſes que s'il eût duré 4 ou 5 jours.
3°. En ſuppoſant, à cet égard, tout ce qu'on voudra, il
eſt très-bien démontré par toutes les expériences que
je rapporterai, que la fermentation la plus prompte
eſt la meilleure : troiſieme principe.

Mais ce ſeroit peu d'avoir établi la néceſſité de
cette eſpece de fermentation, ſi on manquoit des

moyens propres à l'opérer. Il y en a plusieurs qui peuvent la favoriser ; mais je n'en connois qu'un seul qui, au besoin, puisse la produire & même la forcer : c'est la chaleur artificielle, ou surcroît de chaleur. Mais ce surcroît de chaleur, ce n'est que par les chaudronnées de raisins bouillants qu'on peut le procurer. Sans ce véhicule, sans ces chaudronnées, il est impossible, dans certaines années, quelles que soient les autres précautions, d'obtenir une parfaite fermentation, & de parvenir à corriger les vins de leur verdeur ; & encore ces chaudronnées, sans l'entonnoir que j'ai imaginé pour les introduire dans la cuve, & dont je donnerai la description ci-après, ne seroient-elles souvent qu'un moyen insuffisant : quatrieme principe.

La fermentation en général est d'autant plus grande & plus complette, que, toutes choses égales, le vaisseau dans lequel se fait le vin contient une plus grande quantité de vendange, que le bois de ce vaisseau est plus épais, que la vendange a plus de maturité, que le degré de maturité & même de verdeur en est plus égal, qu'elle a été coupée en moins de temps, par un temps plus chaud & par un plus beau soleil, qu'il y a eu moins de raisins écrasés avant le parfait foulage, que le foulage a été fait plus à-propos & plus parfaitement, que les raisins ont été introduits dans la cuve par l'entonnoir, qu'ils ont été employés en quantité suffisante & dans le temps le plus convenable, qu'après toutes les opérations

préparatoires, on tourmente moins le vin , & enfin
que le marc & le vin ont moins de communication
avec l'air exterieur ; cette communication , dont **M.**
Macquer fait une condition indifpenfable de la fermentation (1), n'étant rien moins que néceffaire, &
fouvent au contraire lui étant très nuifible. Toutes
ces obfervations , à chacune defquelles on ne peut
donner trop d'attention , font le cinquieme principe.

Toutes les fois que les raifins ne font que médiocrement ou inégalement mûrs , ou qu'ils ont été
coupés par un temps froid ou pluvieux, la fermentation *s'établit d'autant moins promptement* dans la cuve,
qu'il y a une plus grande quantité de raifins d'écrafés,
& que le clair recouvre ces raifins. Ainfi , dans la
vue d'une prompte fermentation, rien de mieux ,
dans le cas dont il s'agit , que de ne brifer qu'une
partie de la vendange , comme un quart , ou tout au
plus un tiers. Ceci , à la vérité , eft tout à fait oppofé à ce qu'enfeignent quelques Auteurs , & entre
autres M. l'Abbé Rofier, dans fon *Mémoire fur les
Vins* (pag. 55), où il prétend que la fermentation
eft d'autant plus parfaite & plus prompte , que la
vendange nage dans un plus grand fluide , « la flui-
» dité , dit-il , donnant le premier branle à la fer-
» mentation. » Mais ce que j'avance eft fondé fur
nombre d'expériences & eft certain : fixieme principe.

La fermentation eft d'autant plus *intime* , elle s'ex-

---

(1) Pag. 494. au mot *fermentation.*

A iij

cite d'autant plus *univerfellement* & plus facilement
dans le moût, qu'avant d'être foulés dans la cuve,
les raifins y ont pris plus de chaleur, & que cette
chaleur, en s'introduifant entre les molécules du
corps muqueux & en les écartant, en a rompu l'ag-
grégation & donné, par-là, plus de liberté à toutes
les parties eflentiellement fermentefcibles. Ainfi, par
rapport à tous les raifins peu difpofés à la fermentation, & finguliérement par rapport aux raifins verds
ou furchargés d'eau, il faut, autant qu'il eft poffible,
ne procéder à leur parfait foulage, qu'après leur avoir
donné tout le temps de s'échauffer dans la cuve par
le travail de la partie de ces raifins qui fe trouvera
écrafée, foit d'une maniere, foit d'une autre.

Outre l'avantage d'une parfaite fermentation, on
y trouvera encore celui d'avoir un plus beau vin, un
vin d'une couleur plus foncée & en même temps beaucoup plus durable. C'eft un fait dont je me fuis convaincu par nombre d'expériences, fur tout dans le
cas des raifins où il y a furabondance d'eau. Cette furabondance d'eau & fa crudité, quelque opiniâtre que
foit le foulage, quand il eft fait à froid, font un obf-
tacle infurmontable à la diffolution de la partie réfi-
neufe colorante, principalement quand il y a beaucoup de raifins blancs, & que ces raifins blancs man-
quent de maturité. Au contraire, cette partie fe dé-
tache & fe diffout très bien dans le moût, quelque
furabondante qu'y foit l'eau, quand cette eau a été
raréfiée par la chaleur, & qu'elle contient déjà quelques efprits : feptieme principe.

Ces deux derniers principes peuvent, en certains cas, s'appliquer à mes premiers procédés, mais particuliérement aux seconds, dont ils sont la base. C'est purement à la découverte que j'en ai faite, qu'est dû le nouveau syſtème que j'ai imaginé, & que je propoſe aujourd'hui pour la façon des vins.

La liquidité étant une condition abſolument néceſſaire pour la fermentation du moût, toutes les fois qu'il s'en faut de beaucoup que ce moût, ou plus propremenr dit, le corps muqueux ne ſoit étendu dans une aſſez grande quantité d'eau pour pouvoir s'y diſſoudre convenablement, il eſt néceſſaire d'y en ajouter plus ou moins, ſuivant qu'il eſt plus ou moins épais; autrement le moût n'ayant fermenté qu'en partie, la liqueur ſeroit en partie vin & en partie moût, ou, autrement dit, un vin ſucré.

Ce principe, dont je ferai l'application en ſon lieu, ne regarde en général que nos Provinces les plus méridionales, & encore le cas eſt-il fort rare. Mais lorſqu'il arrive, l'addition que je conſeille ne peut, par les raiſons que je viens d'en donner, qu'être très avantageuſe pour la fermentation & la meilleure qualité des vins, qui, aſſurément dans tout autre cas, ne pourroit que ſouffrir de cette addition.

Auſſi quand je l'ai conſeillée, hors le cas dont il s'agit ici, ce n'a jamais été dans la vue d'améliorer le vin, mais ſeulement d'en augmenter la quantité dans des temps de beſoin.

Il eſt pourtant vrai que j'ai publié un écrit qui a

A iv

pour titre : *l'Art de multiplier le vin par l'eau, sans nuire à sa qualité, & même en l'augmentant;* mais c'est sans nuire à sa qualité actuelle, à la qualité qu'il a par la façon ordinaire, & non par la mienne. C'est sur quoi je me suis expliqué en termes formels, à la page 10 du même écrit : mais je n'ai jamais prétendu qu'à façon égale, le vin, multiplié par l'eau, pût être meilleur, ou même aussi bon que s'il étoit pur. C'est une absurdité qu'il a plu, je ne sais pourquoi, à M. l'Abbé Rosier de m'imputer dans son *Mémoire sur les vins* (pag. 29), mais dont, j'ose le dire, personne ne doit me soupçonner. L'eau sans doute peut contribuer à l'amélioration du vin ; mais c'est dans le cas seul où elle est nécessaire pour la parfaite liquidité du corps mûqueux : huitieme principe (1).

Comme la rafle ou grappe a entre autres défauts, ceux de durcir le vin & de lui donner plus de gros-siéreté, il peut y avoir de la prudence à la bannir de la cuve ; mais comme aussi, d'un autre côté, elle a beaucoup de bons effets, il est bon souvent de la laisser au moins en partie. La grappe employée sobre-

---

(1) J'aurois bien, pour le cas & les Provinces dont il s'agit ici, un moyen que je regarde comme supérieur & préférable, à beaucoup d'égards au moins, à celui que je viens de pro-poser, & qui, autant que j'en peux juger, auroit également la propriété d'opérer une parfaite fermentation dans les vins les plus épais, sans en altérer aucunement la pureté ; mais je me tais sur ce moyen, comme sur les autres vûes que j'ai annoncées dans ma Préface, & par les mêmes raisons.

ment, peut non seulement servir à la fermentation,
mais encore elle peut, dans certains cas, contribuer
à améliorer les vins foibles, en les relevant & en
leur donnant avec les autres principes plus de fermeté & un certain caractere vineux qui manque à
beaucoup de vins dans les années pluvieuses. Qu'on
consulte les Marchands de vin, & ils diront que ces
sortes de vins, en perdant leur verdeur, ne sont
plus que de l'eau. Pourquoi donc la grappe ne pour-
roit-elle pas leur être également favorable ? Quelles
raisons pourroit-on en donner ? Aucunes, au moins
de bonnes, puisque ce que j'avance est un fait, &
un fait prouvé par l'expérience. Mais si la grappe a
les propriétés que je viens de lui attribuer, & quelques autres que je pourrai démontrer par la suite, il
ne s'enfuit pas pour cela qu'elle soit toujours aussi
indispensable que bien de gens se le persuadent; &
il n'en est pas moins vrai, quoique beaucoup de
personnes pensent le contraire, que dans les années
de pleine maturité, il n'y a point à craindre que le
vin fait de raisins égrappés seulement aux trois
quarts ou aux deux tiers, en tourne pour cela plus
à la graisse : l'huile est d'autant plus atténuée, &
il y en a d'autant moins dans le vin des raisins
mûrs, que la fermentation a été plus forte, & qu'elle
en a converti une plus grande quantité en esprit.
Je parle ici d'après mes propres expériences : neuvieme principe.

La chaleur s'évaporant en d'autant plus grande

quantité que rien ne l'arrête , & cette chaleur étant
nécessaire pour opérer une parfaite fermentation , il
est clair qu'il faut la retenir ; & que le seul moyen
pour la retenir , & les esprits qui s'échappent en
grande quantité lorsque la fermentation approche de
sa fin , est de couvrir le vaisseau dans lequel se fait
le vin : dixieme principe.

Mais comme , quelque bien couvert que soit le
vin, la portion de chaleur & de parties spiritueuses
retenues dans la cuve au‑dessus du marc , ne s'en
trouve pas pour cela moins hors de ce marc & du
moût, dans lesquels pourtant ils feroient bien plus
d'effet qu'au-dessus , & que d'ailleurs cette chaleur &
ces esprits se dissipent & s'échappent en plus grande
quantité d'une cuve où il y a beaucoup de vuide ,
que de celle où il n'y en a point ou que bien peu ,
il s'enfuit qu'il est très utile pour la fermentation ,
que la cuve soit presque pleine , & que pleine ou
non , le convercle touche au marc : onzieme principe.

Ouvrir , remuer & mouiller le marc , comme cela
se pratique , sinon par-tout , du moins dans beaucoup de vignobles , c'est refroidir ce marc & le vin ,
& par conséquent troubler & interrompre la fermentation ; c'est empêcher le vin de se faire & de
se charger des esprits qui lui sont si souvent néces-
faires ; c'est encore , quoiqu'on croye peut être le
contraire , nuire à la teinture du vin : les particules
colorantes se détachent d'autant moins spontanément
de la pellicule du grain , que le marc est plus hu-

mide & moins chaud : ainſi , dans la vue même de colorer le vin , il ne faut ni mouiller le marc , ni le rabattre , comme cela ſe fait aſſez généralement , mais plutôt le laiſſer s'échauffer , & conſommer la plus grande partie de ſon humidité. J'ai ſur tout cela des expériences préciſes ; & je réponds que ce ne ſeroit que par mal entendu que l'on m'oppoſeroit le contraire : douzieme principe.

» Les principes fondamentaux , deſquels les con-
» noiſſances quelconques , qu'on peut deſirer d'ac-
» quérir ſur cette matiere (la fermentation & ſes
» ſuites) ne ſont que des conſéquences , ſe trouve-
» ront en déterminant *à quel degré de chaleur* , &
» pendant combien de temps la premiere fermenta-
» tion ſenſible du moût doit ſe faire pour obtenir
» le vin le plus ſpiritueux & de la meilleure garde.
» J'avoue que cet objet eſt des plus vaſtes & des plus
» difficiles à connoître d'une maniere générale , &c.

Ce que M. Macquer dit ici , dans l'ouvrage & au mot déjà cités , eſt très vrai ſans doute ; mais par rapport à la premiere partie de la queſtion , qui regarde le degré de la chaleur , je crois l'avoir ſuffiſamment réſolue , en prouvant que , loin de redouter l'excès de la chaleur naturelle , ce qui , dans tous les cas , ſeroit déraiſonnable , ſouvent au contraire il eſt néceſſaire de l'augmenter. J'ai fait plus ; j'en ai donné les moyens.

A l'égard du temps qu'il convient de tirer le vin de la cuve (car c'eſt ſans doute ce qu'a entendu l'Auteur dans la feconde partie de la queftion) , ce point eft en effet très délicat & très épineux. Auffi n'eft-ce qu'avec la plus grande peine & qu'à force de temps , que je fuis parvenu à l'éclaircir & à m'affurer parfaitement des indications précifes d'après lefquelles on doit fe régler pour tirer les vins de la cuve. Ces indications , très faciles à faifir , font au nombre de trois.

La premiere , c'eft lorfque le vin eft fait , c'eft-à-dire , quand le moût n'eft plus du moût , mais *du vin bien caractérifé* , & qu'il a entiérement perdu fa douceur , fa faveur fucrée , fa faveur de moût enfin ; chofe facile à reconnoître en le goûtant. Cette indication regarde plus particuliérement les raifins d'une bonne qualité que les autres.

La feconde , lorfqu'aulieu lieu du gas , de cette vapeur fuffocante qui caractérife la fermentation fpiritueufe , & qui fe dégage du moût qui fermente , le marc exhale une odeur douce , vineufe , & par conféquent moins pénétrante. Cette feconde indication , qui n'exclud pas toujours la premiere , comme refpectivement celle-ci , celle-là , eft en général la feule effentielle à confidérer , lorfqu'il s'agit de vins de raifins peu mûrs , fur-tout dans les années & les vendanges pluvieufes.

La troifieme , lorfque le marc , après s'être élevé , eft fenfiblement baiffé. Cette derniere indication , qui peut fe rencontrer avec la feconde , ne regarde que les vins faits de raifins très verds & durs à écrafer , tels finguliérement que dans l'expérience de Mr. Parent. Elle doit fervir de regle , encore que le vin fût très chaud , qu'il fût trouble , & que la fermentation & le bruit, déjà beaucoup diminués , ne fuffent pas totalement ceffés. Ces dernieres obfervations s'appliquent également aux deux premieres indications. On trouvera une quatrieme indication dans le troifieme des nouveaux procédés.

Voilà ce que des expériences répétées depuis long-temps fur des raifins de toute qualité & de différents degrés de maturité ou de verdeur , m'ont appris , & me donnent le droit de propofer comme certain.

Ainfi cet objet dont M. Macquer fait dépendre les progrès ou plutôt l'invention d'un nouvel art de faire le vin , & qu'il regarde lui-même comme très vafte & très difficile à connoître , c'est moi qui l'ai faifi ; c'est à moi que la Chymie & les vignobles en doivent la découverte , & la devoient au moins en grande partie, dans le temps même où M. Macquer écrivoit publiquement que mes procédés étoient déja connus , après avoir écrit publiquement le contraire : treizieme principe.

La fermentation , quelque complette qu'elle foit , ne paffe jamais d'elle-même fans interruption du premier au fecond degré. Ceci eft prouvé par l'expérience de tous les vignobles , même de ceux où , comme dans le Berry , on laiffe , ce qui eft beaucoup trop , les vins pendant quinze jours , trois femaines & plus dans la cuve : quatorzieme principe.

Plus, dans le moût des raiſins verds ou non , la fermentation eſt univerſelle , & plus , entre autres choſes, le vin qui en eſt le produit contient d'eſprit : il eſt impoſſible que cela ſoit autrement ; puiſque le propre & le caractere particulier de la fermentation en queſtion eſt de faire des eſprits , il faut néceſſairement (& ceci eſt bien à remarquer), il faut que plus elle agit & plus elle en faſſe. Le vin bien fermenté a donc plus d'eſprit que celui qui l'eſt moins : quinzieme principe.

Plus le vin eſt ſpiritueux, ou autrement dit , plus il contient d'eſprits, & plus il eſt chaud ; plus il eſt chaud, & moins, par je ne ſais combien de raiſons, il eſt verd ou acide. Donc le vin eſt d'autant plus chaud & moins verd qu'il eſt plus chargé d'eſprits ; donc plus on ſoutient, plus on preſſe la fermentation qui fait les eſprits , & plus les vins perdent de leur verdeur , & acquierent toutes les qualités qui font les bons vins : ſeizieme principe.

Le vin eſt d'autant moins dur, plus coulant & moins indigeſte, qu'il s'y trouve plus d'eſprits, qu'il eſt plus chaud. Ce principe regarde principalement les vins froids & épais, tels qu'on en voit beaucoup dans le Gatinois, dans le Berry, dans l'Orléannois, dans le Poitou & dans beaucoup d'autres vignobles : dix-ſeptieme principe.

Plus le vin a bouilli & fermenté dans la cuve , ou autrement dit, plus la fermentation a été entiere, univerſelle & complette , & plus le vin ſe conſerve.

Le vin se conserve d'autant plus long-temps, & ses principes les plus essentiels & volatils ont d'autant plus de fixité qu'il y a plus des parties du moût qui ont passé par le premier degré de fermentation, que ces parties ont été plus attenuées, & par conséquent plus disposées à s'unir étroitement ; que la liqueur se trouve chargée d'une plus grande quantité de mucilages & d'autres principes ; en un mot, que le vin a plus de corps.

Or tous ces effets, si propres à prolonger la durée du vin, il n'y a aucun Chymiste qui ne doive convenir qu'ils sont d'autant plus assurés que la fermentation a été plus grande. Donc il est vrai de dire que le vin se conserve d'autant plus qu'il a plus bouilli, & que la fermentation dans la cuve a été plus forte & plus complette. Cette vérité s'accorde tellement avec toutes les notions naturelles, qu'on a peine à se persuader que des Savants mêmes aient pu la méconnoître & enseigner précisément le contraire. Cependant voici ce que dit M. Macquer au mot & dans l'ouvrage déja cités, pag. 636. Après avoir rapporté quelques-uns des inconvénients des vins dont la fermentation a été interceptée. » Mais, » dit cet Académicien, si le vin, qui n'a pas assez fer-» menté d'abord, est sujet aux accidents dont nous » venons de parler ; celui dont la premiere ferm n-» tation *a été poussée trop loin*, en éprouv e re » de bien plus fâcheux. Toute liqueur fermentescible » est par sa nature, dans un mo ment fermentatif

» plus ou moins fort , fuivant les circonftances ; mais
» continuel depuis le premier inftant de la fermenta-
» tion fpiritueufe jufqu'à la putréfaction la plus en-
» tiere. Il fuit de-là que dès que la fermentation fpiri-
» tucufe eft parfaitement finie, & quelquefois même
» avant , le vin commence à fubir la fermentation
» acide ».

Ainfi , autant que nous pouvons entendre M. Macquer en cet endroit , il s'enfuit , fuivant lui, que
la fermentation pouffée trop loin , c'eft - à - dire qui
n'a point été arrêtée aux indications affez fingulieres
qu'il en donne , & que nous difcuterons quand il
en fera temps , a l'inconvénient d'accélérer l'aigriffe-
ment du vin , & par conféquent de l'empêcher de
fe garder. Mais tout le monde fait le contraire : tout
le monde fait que plus le vin a travaillé dans la
cuve , & plus il a de corps ; & que plus il à de corps ,
& plus , comme je l'ai déja obfervé , il eft de garde.
C'eft une vérité d'expérience qu'il n'eft permis à perfonne , & encore moins à des Savants , de révoquer
en doute : dix-huitieme principe.

Plus les raifins font mûrs , & plus ils font difpofés à la fermentation vineufe. Le mieux donc,
quand on le peut , eft de ne les cueillir que dans leur
pleine maturité ; cependant il faut avoir égard à la
faifon & à la difpofition du temps. J'aimerois mieux
vendanger huit jours plutôt par un beau temps ,
que huit jours plus tard par un temps humide, ou
après une forte gêlée. On doit donc avoir égard au

temps

temps & à l'état des raisins, qu'il vaut mieux en général couper verds que pourris, comme il arrive souvent : dix-neuvieme principe.

Le vin est plus ou moins spiritueux, non-seulement à raison de la plus ou moins grande quantité d'esprits qu'il contient, mais encore à raison de ce que ces esprits sont plus ou moins libres, plus ou moins combinés avec les autres principes du vin, & que ces autres principes sont en plus ou moins grand nombre, en plus ou moins grande quantité. De-la vient que les vins rouges, quoique souvent plus abondants en esprits, paroissent cependant en contenir, & en rendent presque toujours, moins que les vins blancs & autres semblables. Ce principe, que les personnes qui sont dans le cas des vins ci-après ne peuvent trop méditer, peut, suivant les années & les circonstances, servir de regle, particuliérement dans la façon des vins qui, *comme tous les grands vins, ont le défaut d'être trop chauds ou brûlants, de ceux qui sont fumeux ou capiteux,* & enfin de ceux qui sont *couverts.*

En dispensant le marc & la grappe avec intelligence, en en mettant plus ou moins dans la cuve, les vins seront plus ou moins rouges, plus ou moins grossiers, plus ou moins veloutés, & en auront plus ou moins de corps, plus ou moins de finesse. Cette observation regarde principalement les vins de prix & qui sont destinés pour l'Etranger : vingtieme principe.

B

Les vins qu'on doit regarder comme les plus parfaits étant ceux dont les principes essentiels sont dans la proportion relative la plus exacte, cette proportion est l'objet qu'on doit se proposer, principalement dans la préparation de la vendange & la confection des vins ; en sorte que, autant qu'il est possible, aucun principe ne domine sur l'autre, pas même la partie spiritueuse. Les vins trop surchargés d'esprits étant brûlants ou capiteux, font une mauvaise boisson : ils ne la feroient pas meilleure, sans doute, quand ils en seroient privés ; mais il n'en est pas moins vrai qu'il faut finir tout excès, & que c'est égarer le manipulateur & lui donner un faux point de vue, que de lui enseigner, comme M. Macquer, pag. 630, que le vin essentiellement le meilleur est celui qui contient le plus d'esprit ardent ; c'est établir en même temps une fausse regle pour l'estimation & l'appréciation des vins, dont la bonne qualité & la perfection dépendent principalement, comme je viens de le dire, de la juste proportion des principes : vingt-unieme principe.

La différence des vignobles, des terres, des complantants, &c. n'en met aucune dans les propriétés de la fermentation ; la parfaite fermentation qui, dans l'Orléannois, dans la Bourgogne, dans la Touraine, rendra, quand on voudra, les vins plus chauds & plus vineux, rendra aussi plus chauds & plus vineux les vins verds & aqueux de la Brie, de l'Isle de France, du Berry, du Poitou & de tous les autres vignobles. Il seroit ridicule d'en douter ; il en faut dire autant des vins brûlants & de ceux qui font capiteux : les moyens par lesquels on pourra les tempérer dans un pays , réuſſiront également dans un autre , & ainſi du reſte ; c'eſt-à-dire du corps du vin , de ſa fermeté , de ſa fineſſe , de ſa chaleur , de ſa durée , &c. Car il eſt impoſſible , de toute impoſ. ſibilité (& je prie le Public de ſaiſir ceci avec attention) ; il eſt impoſſible , dis-je , que les mêmes opérations ne donnent pas par tout en général les mêmes réſultats. Il eſt donc vrai de dire que mes principes & les procédés qui en ſont la conſéquence ſont appliquables & d'uſage pour tous les vignobles & pour tous les vins. Toute la tâche qui reſte aujourd'hui au propriétaire des vignes , eſt de connoître le beſoin de ſon vin ; il eſt sûr , généralement parlant , d'en trouver ici le remede : vingt-deuxieme principe.

Tels ſont les éléments ou principes généraux dont , d'après l'expérience générale & un très grand nombre d'expériences particulieres , j'ai cru devoir compoſer ma théorie de l'Art de faire le vin. Je vais maintenant , d'après les mêmes expériences , propoſer la partie pratique de cet Art , diviſée, ainſi que je l'ai annoncé , en premiers & ſeconds procédés , dont , en général , on trouvera la raiſon dans les principes que je viens d'établir , comme on trouvera la preuve de ceux-ci dans les expériences dont je rendrai compte à la ſuite de ces procédés.

CHAPITRE II.

Mes premiers procédés pour faire le Vin.

I. §.

Maniere de faire le Vin dans les années de pleine maturité.

Dans les pays où l'usage est de fouler les raisins à mesure qu'ils arrivent de la vigne & avant de les jetter dans la cuve, on continuera de les fouler de la même maniere, sur-tout si la cuvée se fait en un jour : car autrement, dans le cas que nous supposons, de pleine maturité, le mieux (sans néanmoins que je prétende en faire une condition nécessaire) seroit, lorsque la chose est praticable, de ne fouler la vendange qu'après que le tout sera dans la cuve.

Dans les vignobles où l'on ne foule la vendange que dans la cuve (ce que je préfere toujours quand la chose est possible, & singuliérement dans les années dont il s'agit), on foulera tout aussi tôt, ou bien peu de temps après qu'on aura cessé d'apporter de nouvelle vendange.

On aura très grand soin au surplus, soit qu'on foule les raisins avant qu'ils soient, ou après qu'ils seront, dans la cuve, que le foulage soit le plus général qu'il sera possible. Le vin, à la vérité, en aura plus de couleur, mais aussi, dans ces sortes d'années, il en fera moins difpofé à tourner à la graiffe, & moins fujet à beaucoup d'autres accidents. (1)

2°. Quant à l'égrappage, on peut confulter le neuvieme principe.

3°. Auffi-tôt qu'on aura ceffé de mettre dans la cuve, fi on foule dans la cuve, ou auffi-tôt après le foulage, fi on foule les raifins tout à-la-fois, dans l'un & l'autre de ces deux cas, on pourra, fi l'on veut, remuer & braffer plus ou moins long-temps la vendange avec les inftruments propres à cet ufage, *mais une feule fois, & immédiatement après le foulage.*

A l'égard du Languedoc, de la Provence & autres de nos Provinces les plus méridionales, je regarde cette opération, fans la répéter toutefois, comme indifpenfable lorfque le moût trop fyrupeux & trop épais annonce par fa vifcofité & la ténacité de fes principes, que pour les dégager & les difpofer à la fermentation, il eft néceffaire de brifer & d'atténuer ce corps muqueux par le mouvement & l'agitation. Si, par l'infpection des raifins & après en avoir preffé quelques grappes, on avoit lieu de croire que ce moyen (comme cela peut arriver, quoique bien rarement) ne fût pas fuffifant, il feroit à propos de ne vendanger que par le brouillard, & peut-être par la

____

(1) Sans entrer dans aucun détail fur ce qui concerne la vendange, & les vaiffeaux deftinés à la contenir & le vin, je confeille aux propriétaires des vignes d'apporter à ces objets importants, les plus grands foins & plus que beaucoup d'entre eux n'en donnent affez communément.

pluie. On pourroit même, au besoin, ajouter hardiment au moût une plus ou moins grande quantité de bonne eau, comme d'une partie sur huit ou dix, suivant l'épaisseur du moût & l'usage qu'on se propose de faire du vin. Le vin, d'ailleurs bien fait, n'en seroit, dans le cas supposé, que plus délicat, plus coulant, plus fait & plus spiritueux. D'après les expériences que j'ai faites dans ce genre, j'en peux répondre, en ayant l'attention de mettre l'eau immédiatement après le foulage, & de bien mêler le tout. On pourroit encore dans ces vignobles, & peut-être pour le mieux, prendre les raisins un peu sur le verd & avant leur parfaite maturité : mais alors les raisins rendant moins en cet état que quand ils sont mûrs, il y auroit quelque perte sur la quantité, moins précieuse, il est vrai, que la qualité. On peut voir au surplus le huitieme principe.

4°. Du moment du foulage & des opérations dont je viens de parler, jusqu'au moment où l'on décuvera le vin, on ne touchera *en aucune sorte* au vin ni au marc, si ce n'est pour arroser très légérement ce dernier, en cas de besoin, & qu'on n'ait point égrappé de la vendange, au moins pour couvrir la superficie du marc & en prévenir l'aigrissement. *Ceci aura lieu pareillement pour les autres procédés.*

5°. Quand le vin sera fait, on le tirera ainsi qu'il est dit au treizieme principe : premiere induction.

Dans les années dont il s'agit, je n'estime pas en général que la fermentation puisse durer, & que le vin ait befoin , pour fe faire , de plus de 24 heures, à compter du foulage. Il en faudroit beaucoup moins fi le foulage n'avoit été fait qu'après que la vendange auroit été plufieurs jours dans la cuve.

I I. §.

Maniere de faire de le Vin dans les années chaudes , où , fans être parfaitement mûrs , les raifins appro- chent plus de la maturité que de la verdeur.

1°. Chacun foulera à fa maniere, c'eft-à-dire, ou par parties , à mefure que la vendange arrivera de la vigne , ou en totalité, lorfqu'elle fera toute raffem- blée dans la cuve.

Dans le premier cas , au lieu de fe borner à fouler la vendange groffiérement, comme je l'ai toujours vu pratiquer , on aura la plus grande attention à ce que cette opération foit faite du mieux poffible, & à ce que tous ou prefque tous les grains foient écrafés & ouverts de maniere à rendre leur fuc & autant de leur partie colorante qu'on pourra en détacher par la preffion. Si l'on connoiffoit , comme moi , toute l'im- portance du foulage, & combien il fait pour toutes les qualités du vin (je dis *toutes*, & cela eft vrai) , il n'y a perfonne qui ne mît tous fes foins à le perfec- tionner & à le completter , fur-tout le pouvant à fi peu de frais , & fouvent même fans frais. Mais en les fuppofant ces frais, je foutiens que dans une pa- reille année ils ne monteroient pas à plus de fix liards

B iv

par muid. Qu'eſt ce que ſix liards pour avoir un bon vin, au lieu d'un vin médiocre ou mauvais ?

Dans le ſecond cas, on foulera la vendange auſſi-tôt que la cuve ſera *aſſez chaude* pour pouvoir y entrer : le plutôt ſera *le mieux*. Et comme il eſt très avantageux qu'autant qu'il eſt poſſible, tout le moût fermente & travaille en même temps, & non par parties, ainſi que cela arrive lorſque dans un temps on fait ce qu'on appelle un levain, & que dans un autre on écraſe une portion des raiſins pour faire tremper le marc dans la cuve, ou pour toute autre cauſe ; comme, dis-je, tous ces petits foulages ſucceſſifs, & toutes ces entrées & ſorties, en grand uſage aux environs de Paris & ailleurs, ſont très préjudiciables, je recommande bien fort, pour que la fermentation ſoit plus complette & plus ſimultanée, de ſe borner à ce qu'on aura écraſé de vendange pour l'apporter de la vigne au cellier, juſqu'à ce qu'on puiſſe fouler le tout enſemble de la maniere que je viens de dire dans l'article précédent.

Inutilement voudroit-on juſtifier les uſages que j'attaque, en leur donnant des cauſes raiſonnables. Toutes ces cauſes, prétendues raiſonnables, diſparoiſſent au moyen de ce que le foulage eſt avancé. Ce foulage, fait dans le temps que j'indique, obvie à tous les inconvénients que l'inexpérience pourroit faire craindre.

2°. Pour prévenir tout aigriſſement du moût, ou la crainte qu'on pourroit en avoir, on fera bien, ſi on n'égrappe pas toute la vendange, d'en égrapper au moins affez pour pouvoir couvrir la fuperficie du marc d'environ un pouce.

3°. Immédiatement après le foulage, on remuera, fi l'on veut, la vendange de la maniere que j'ai indiquée à l'article 3 du premier procédé.

4°. Après cette opération, ou le foulage, fi on ne la fait pas, on couvrira le marc avec des raifins égrappés.

5°. Si trois ou quatre heures avant d'entonner le vin, on ne lui trouve point affez de force ou de couleur, on en verfera & paffera alors fur le marc en affez grande quantité pour emporter ou précipiter dans le clair toutes les parties fpiritueufes & colorées qui fe trouveront engagées dans le marc. On peut pour le moment regarder le marc comme le rapé le plus parfait & le plus efficace.

6°. Après avoir tiré le vin dans le temps & de la maniere ci-devant indiqués, dans des tonneaux, cuves ou foudres, fuivant l'ufage des lieux, on portera le marc au preffoir. Il n'y a pas grand inconvénient, dans les années dont il s'agit, de mêler le vin de preffurage avec celui de cuvée. Cependant fi l'on recherche la délicateffe du vin, je confeille de mettre celui du preffoir à part, à l'exception du vin de la premiere ferre & de la premiere taille. Je parlerai de l'entonnage des vins dans le chapitre fuivant.

I I I. §.

Maniere de faire le Vin dans les années défavorables à
à la maturité, où il y a beaucoup plus de raisins verds
que de raisins mûrs.

1°. Si la perfection du foulage est toujours utile &
même nécessaire, c'est sur-tout dans les années que
nous supposons. Mais ce n'est point assez de bien fouler, il faut encore fouler à temps (je parle ici pour
les vignobles où cette opération se fait dans la cuve).
Dans ces vignobles, soit qu'on ait été deux ou trois
jours ou plus à composer la cuvée, soit (ce qui est
toujours préférable) que la cuvée ait été faite en un
jour, on foulera, comme je l'ai dit au premier article
du second procédé, aussi-tôt qu'on pourra entrer dans
la cuve, à moins qu'on n'ait des raisons particulieres
pour retarder le foulage.

2°. Si la vendange, égrappée ou non, a été foulée
avant de la mettre dans la cuve, je conseille de la remuer ainsi qu'il a déjà été dit.

Pour le surplus, on se conformera en tout point au
second procédé, si ce n'est que, pour le mieux, on
s'abstiendra de mêler ensemble le vin de cuvée & le
vin de pressurage. On en verra la raison dans le troisieme des nouveaux procédés.

I V. §.

Maniere de faire le Vin dans les années, comme
1763 & 1740.

1°. Quel que soit l'usage des vignobles, on foulera par-tout la vendange à mesure qu'elle arrivera de la vigne, & on l'écrasera, principalement dans des années comme 1740, avec des sabots ou avec des pilettes, dans des bacquets, baignoires ou autres vaisseaux semblables. Moins il y aura d'épaisseur de vendange, & mieux vaudra.

A l'égard des particuliers (& il y en a beaucoup) qui ont leur pressoir auprès de leur cellier, il leur sera plus commode & moins dispendieux de presser leur vendange sur leur pressoir par parties, & de la jeter ensuite dans la cuve pour fermenter. Ce parti, de faire fouler *précipitamment* d'une maniere ou d'une autre, est le seul qu'aient à prendre les propriétaires de vignes : sans cela il est impossible de faire du vin, & apparemment leur intention, comme leur intérêt, est d'en faire.

2°. Il est hors de doute que dans des années comme celles dont est question, les vins ont assez d'âpreté par eux-mêmes, sans l'augmenter encore en laissant la grappe, comme on la laisse presque par tout. Je conseille donc, autant que cela se pourra, de l'ôter en tout ou en partie, avant ou après le foulage.

3°. On remuera & agitera la vendange dans la cuve, dans le temps & de la maniere qu'il a été dit dans les autres procédés.

4°. Comme il est très certain que, soit à raison de la verdeur excessive des raisins, soit à raison du froid qu'il ne peut guères manquer de faire dans de semblables années, lors des vendanges; comme, dis-je, il eſt très certain que la cuve ne peut point, ou ne peut que très difficilement & très imparfaitement ſe mettre en mouvement, il eſt à propos, il eſt né-ceſſaire de l'échauffer en y verſant des chaudronnées de raiſins bouillants ; ce qui ſera exécuté auſſi tôt ou dans les vingt quatre heures qu'on aura ceſſé de met-tre de nouvelles vendanges dans la cuve ; bien en-tendu toutefois que le marc ſera levé & couvrira le clair. Cependant, ſi au bout de dix ou douze heures de la troiſieme opération, c'eſt-à-dire, qu'on aura braſſé le marc dans la cuve, ce dernier n'étoit point encore levé, alors on verſera une ou deux chaudron-nées ou plus, ſuivant la quantité de vendange, que l'on continuera auſſi-tôt que le clair ſera couvert.

Quoique je n'aie point parlé de raiſins bouillis ou plutôt bouillants pour les autres années, il eſt pour-tant vrai que, dans bien des cas, ils ſeront utiles : mais alors on peut ſe contenter d'en mettre un quin-zieme ou un vingtieme au total ; au lieu que dans le cas préſent il en faut un huitieme, ou au moins un dixieme.

5°. Quoique les diverſes précautions que je viens d'indiquer ſoient des plus propres à ſurmonter tous les obſtacles que le froid & la verdeur des raiſins peuvent mettre à la fermentation, néanmoins, pour aſſurer & favoriſer encore plus la fermentation, ſi difficile & ſi néceſſaire, il eſt très bon de couvrir la cuve, non comme on le fait ordinairement quand on le fait, mais avec un fond de bois, qui, en général, doit être fait de façon qu'il puisse entrer & descendre dans la cuve à environ un quart plus ou moins de sa profondeur, à moins qu'on ne soit sûr d'avoir toujours la cuve pleine. Ce fond doit être composé de planches de chêne, de six lignes ou environ d'épaisseur. Comme (ce qu'il est très important de remarquer) les pieces ne tiennent point ensemble , mais sont absolument détachées & séparées les unes des autres , ce fond en est beaucoup plus maniable , & il en résulte (ce qui obvie à tous les inconvénients possibles) qu'ayant beaucoup moins de poids , il suit absolument le mouvement du marc , *sur lequel il pose* immédiatement, & qu'il monte & baisse avec lui. C'est sans contredit la meilleure maniere de couvrir, & la plus sûre pour retenir la chaleur & les esprits dans le vin. Au reste, il n'est point nécessaire que ces planches, non plus que le fonds, joignent avec la plus parfaite précision.

Je ferai , à l'égard de ce fond ou couvercle, les mêmes observations que je viens de faire à l'occasion des raisins bouillants : c'est que , quoique je n'en aie pas dit un mot dans les autres procédés , l'usage néanmoins n'en peut être que très bon & très avantageux, toutes les fois que les raisins laissent encore à desirer du côté de la maturité. Je borne , dans ces premiers procédés , mes documents au plus nécessaire , afin que les pratiques que je propose étant plus faciles , on se porte plus volontiers & plus généralement à les suivre.

6º. On tirera le vin quand il sera fait ; & en exécutant bien le plan que je viens de tracer , il sera fait & parfait en moins de cinq jours , à prendre des premieres chaudronnées jusqu'au moment où il sera tiré. On peut voir au surplus , pour le tirage des vins dont il s'agit ici , la troisieme indication du treizieme principe.

7º. Le vin de pressurage sera exactement mis à part , attendu qu'il ne pourroit qu'augmenter la verdeur de l'autre.

Pour completter l'instruction sur cette derniere maniere & lex précédentes , j'aurois encore beaucoup de choses à ajouter à celles que j'ai déjà dites ; mais on les trouvera dans les procédés qui suivent , auxquels j'ai cru devoir les renvoyer , comme étant les plus nouveaux , les plus efficaces , & , par cette raison , ceux sur lesquels j'ai principalement dessein de fixer l'attention du Public.

CHAPITRE III.

Nouveaux procédés pour faire le Vin rouge.

I. §.

*Manicre de faire le Vin rouge dans les années chaudes
& de pleine maturité.*

1°. QUELS que soient les vaisseaux dont on se
servira pour apporter la vendange de la vigne au
cellier, si l'on met plusieurs jours à finir la cuvée,
on fera bien, si l'on peut, de ne point fouler les
raisins ; seulement on pourra les presser, les serrer &
les écraser un peu à la vigne, pour pouvoir en voi-
turer une plus grande quantité à la fois ; & parcequ'à
toute fin il est bon qu'il y en ait toujours une partie
d'écrasés dans la cuve. En Champagne, au moins dans
les meilleurs vignobles de la riviere de Marne, on
apporte la vendange à grappe séche dans des paniers
d'osier ou dans des barillets de bois chargés sur des
chevaux. Cet usage, à la vérité, est coûteux, mais aussi
pans la circonstance présente & quelques autre s il
peu avoir son avantage.

2*. A mesure que la vendange arrivera de la vigne,
on l'égrappera, comme cela se pratique en Champagne & ailleurs, avec une fourche de bois ou bâton à
trois & quelquefois quatre dents, de la longueur de

quatre à quatre pouces demi. Si l'on ne trouve pas
fous fa main, comme cela peut arriver, un pareil bâton, on peut faire faire des dents de fer peu aiguës de
la même dimenfion, qui formeront une efpece de
croc, & que l'on garnira d'un manche d'environ trois
pieds ; enforte que la longueur du tout n'excede pas
trois pieds & demi ou environ.

Cet inftrument écrafe moins les raifins, & par cette
raifon eft préférable & même néceflaire, lorfque toute
la vendange ne doit pas être foulée en même temps.
Hors ce cas, chacun peut égrapper à fa maniere.

Les perfonnes qui feront fouler leur vendange à
mefure, la feront égrapper avant le foulage & non
après, parcequ'alors, en fe fervant de la fourchette de
bois que je viens d'indiquer, l'égrappage fe feroit
mal & avec perte de vin. Plus l'égrappage fera com-
plet, & moins le vin fera rude, plus il fera délicat,
agréable & prompt à boire. Mais auffi fi la fermentation n'étoit pas auffi parfaite qu'elle doit l'être, le
vin, dans les années dont il s'agit, feroit plus fujet à
graiffer; & dans tous les cas, quoique très propre à
fe conferver, au moyen de la parfaite fermentation,
il fe confervera encore moins que fi l'on eût laiffé
toute la grappe, ou qu'au moins on en eût laiffé une
bonne partie. En 1766, mon vin avoit plus fermenté & étoit meilleur qu'aucun du pays. Quoique très
rigoureufement égrappé, il n'a point graiffé, mais il
a toujours été moins ferme & s'eft moins foutenu
que certains vins du lieu qui lui étoient inférieurs en
qualité,

qualité, & dont on n'avoit point enlevé la grappe.
Tous les vignobles fourmillent de pareils exemples.
Comment donc peut-on attaquer des vérités auffi no-
toires ? Comment M. l'Abbé Rofier, qui a très bien
faifi tous les avantages de l'égrappage, n'en a-t-il
pas vu auffi les inconvénients ? Comment n'en a-
t-il vu aucun ? Si on l'en croit, la grappe eft toujours
nuifible, & jamais néceffaire, jamais utile. Il l'a con-
fidérée fous toutes les faces & fous tous les rapports :
c'eft une erreur nouvelle, un paradoxe fingulier,
une abfurdité infoutenable, que d'attribuer à la
grappe aucune propriété quelconque. Autant, felon
M. l'Abbé Rofier, vaudroit mettre dans la cuve du
farment & des feuilles, que d'y mettre la grappe. Il
emploie dix grandes pages à décrier cet ufage, & cependant, à certains égards, cet ufage eft bon & excellent. Je pourrois le prouver par le raifonnement,
mais il l'eft par l'expérience ; & qu'eft ce que tous les
raifonnements, en comparaifon de l'expérience ?

Au refte, quoique je vienne de dire en faveur de
la grappe, dans les années mêmes dont il s'agit, je
ne confeille pas, en général, d'en laiffer plus de la
moitié, à moins qu'on n'ait deffein de faire un vin
auffi ferme & auffi durable qu'il peut l'être. On doit
encore avoir égard à la nature des vins. Des vins naturellement durs & tardifs, à raifon de leur crû, ont
moins befoin du fecours de la grappe, que des vins
qui n'ont pas les mêmes qualités. C'eft une obferva-
tion qu'il ne faut point perdre de vue dans l'ufage de

C

la grappe : on peut encore avoir égard au plus ou au moins de cuvage.

3°. Si l'année & les vendanges ne font pas trop pluvieufes, on foulera la vendange auffi-tôt que la cuve fera affez chaude, ou ne fera plus trop froide pour pouvoir y entrer, le plutôt fera le mieux ; cependant fi on prévoyoit que, par une raifon ou par une autre, on ne pourroit porter au preffoir que plufieurs jours après que le vin feroit fait dans la cuve & auroit dû en être tiré, en ce cas on différera à fouler, afin de pouvoir tirer le vin à temps, en ayant l'attention toutes fois de ne point entrer dans la cuve, mais feulement *d'arrofer légérement* la fuperficie du marc, quand cela fera néceffaire ; *en forte que jufqu'au parfait foulage, au foulage proprement dit, il n'y ait abfolument de raifins écrafés dans la cuve, que ce qu'on aura été obligé d'en écrafer pour les apporter de la vigne au cellier.*

A l'égard de la maniere de fouler dans la cuve, il feroit fort à defirer, fans doute, que les hommes n'y miffent pas le pied, & encore moins le corps ; c'eft pourquoi, quel que foit l'ufage des lieux, je confeille, dans le cas préfent, de fe fervir, pour cette opération, du brifoir. Cet inftrument, qui, *autant que la place peut le permettre,* doit avoir en longueur un pied ou deux de plus que la cuve n'a en profondeur, eft une efpece de pieux de forme ronde ou cylindrique, percé à fix pouces de fon extrémité fupérieure pour y faire paffer une cheville ou manche qui déborde de chaque côté, pour le tenir avec les mains. Il est également percé à son extrémité inférieure de trois ou quatre trous *en croix ,* pour y recevoir des chevilles qui débordent de trois ou quatre pouces de chaque côté. Ce pieux, qui, pour le mieux, doit être de bois d'érable , doit avoir de diametre trois pouces par le haut & quatre par le bas. Les chevilles sont de bois de chêne , & peuvent avoir environ trois pouces de circonférence. Elles sont rondes & seulement un peu pointues à chaque bout. Il faut mettre la premiere cheville à un pouce & demi du bout , & observer un pouce de distance entre une cheville & une autre. Cet instrument , dont on fait usage en Lorraine , me paroît en général préférable à tout autre pour fouler dans la cuve, & suffit pour écraser parfaitement les raisins , au moins lorsqu'ils ont beaucoup de maturité ou de molesse.

Dans le cas où la vendange auroit été foulée par partie, & à mesure qu'elle seroit arrivée de la vigne , on fera bien *aussi - tôt* qu'on aura cessé d'en mettre dans la cuve , de la remuer & brasser , plus ou moins long-temps, avec les instruments propres à cet usage , mais une seule fois , & immédiatement dans le temps que je viens de marquer.

Les personnes & les vignobles qui seroient dans le cas du huitieme principe , peuvent le consulter , & l'art. 3 du premier procédé. J'y ajouterai seulement que je pense qu'il est à propos de n'employer le difſolvant ou menſtrue que j'y conſeille , qu'après le foulage , & au moment même du braſſage.

Quoique dans le dixieme principe j'aie établi en général la néceſſité de couvrir la vendange pour en favoriſer la fermentation ; cependant , à moins qu'il ne s'en faille de beaucoup que la cuve ne ſoit pleine, & qu'on n'ait affaire à un vin naturellement peu ſpiritueux , je penſe que , dans les années dont il s'agit , on peut très bien ſe diſpenſer de couvrir , mais ſur-tout on le doit toutes les fois qu'on croit avoir à craindre que les vins ne ſoient trop capiteux. *Voyez* le vingtieme principe.

4°. Comme , ſuivant le douzieme principe , on ne peut point ouvrir le marc ſans le refroidir & donner une iſſue à la chaleur & à l'air qui eſt dans la liqueur , de laquelle il favoriſe puiſſamment la fermentation , on s'abſtiendra abſolument de toucher en aucune ſorte au vin ni au marc, à compter du foulage ou du braſſage , juſqu'au moment où on dé-cuvera le vin , ainſi que cela s'eſt pratiqué *dans la plus grande partie des expériences de mes premiers procédés* , ſans qu'il en ſoit réſulté aucun inconvé-nient. Seulement dans le cas où le marc ne ſe-roit point couvert & n'auroit point été égrappé , on pourra l'arroſer très légérement , & lorſqu'on croira que cela ſera néceſſaire pour l'empêcher de s'échauffer , & de ſe ſécher aſſez pour faire craindre qu'il ne puiſſe s'aigrir à la ſuperficie. On tirera le vin néceſſaire pour cette opération , par la fontaine ou canelle ; je dis par la fontaine ou canelle , parceque la ſeule bonne maniere de tirer le vin de la cuve étant de le tirer par la canelle & non autrement , je ſuppoſe que les perſonnes qui feront tant que de ſe conformer à mes procédés , ou ſont dès - à - préſent dans cet uſage , ou ne manqueront pas de le prendre.

5°. Si trois ou quatre heures avant d'entonner le vin , on ne lui trouve point encore aſſez de force ou de couleur , on en verſera ainſi qu'il a été dit ci-devant à l'art. 5 du ſecond procédé.

6°. On tirera le vin ſuvant la premiere indication du treizieme principe , c'eſt-à-dire quand il ſera fait , quand le moût ne ſera plus du moût , mais du vin bien caractériſé , & qu'il aura entiérement perdu ſa douceur , ſa ſaveur ſucrée ; alors , à moins qu'il n'y ait des obſtacles inſurmontables , on le tirera , & on l'entonnera , encore que très chaud & un peu trouble , & que la fermentation & le bruit déja beaucoup diminués , ne fuſſent pas totalement ceſſés. Cette regle pour les vins dont eſt queſtion , eſt auſſi ſûre que ſimple & facile ; c'eſt ainſi que je l'ai déja remarqué , le réſultat de nombre d'obſervations , & d'obſervations faites avec la plus grande exactitude , & d'après leſquelles j'ai eu lieu de me convaincre que toutes les autres indications poſſibles ſont fautives & inſuffiſantes. En ſe conformant à celles que je donne ici , on eſt aſſuré de faire le vin le mieux conſtitué & le plus durable.

C iij

Je m'attends bien pourtant que cet article ne paffera pas, tout d'une voix. Les vignobles, tels entre
autres que la Bourgogne & la Champagne, ne manqueront pas apparemment de dire qu'en attendant
fi tard à tirer leurs vins, ces derniers en feront plus
couverts, moins fins, & qu'ils auront perdu au moins,
pour le moment, une partie de leur parfum, ce qui
eft vrai; mais aufli ils n'auront point de verdeur,
ou quelquefois ils en auroient eu; ils ne feront point
fujets à tourner à l'huile, (*Voy.* le fecond principe)
comme cela leur arrive; & fûrement, ce qui ne doit
pas être indifférent, ces vins fe conferveront mieux,
& feront bien plus propres au commerce & au tranf-
port. Ainfi on ne peut donc mieux faire, même dans
ces Provinces, que de fe conformer à la regle générale que je viens de donner, au moins dans les années abondantes, & toutes les fois qu'on fera dans
le cas ou la difpofition de garder le vin; cependant,
comme ces dernieres circonftances ne font pas les
plus ordinaires, & qu'il eft bon, qu'il eft même
néceflaire de conferver aux vins les qualités diftinc-
tives par lefquelles ils font connus & recherchés,
j'avoue qu'il feroit très fort à defirer qu'on pût parvenir, dans toutes les années de maturité, à faire
les vins fins, de façon à en augmenter la qualité &
la durée, fans rien prendre fur la délicateffe & le
parfum qu'ils doivent avoir. Une maniere de les ma-
nipuler, qui réuniroit ce double avantage, feroit de
la plus grande importance, non feulement pour la

Bourgogne & la Champagne, qui en vendroient ou en garderoient beaucoup mieux leurs vins, mais encore pour toutes les Provinces de vignobles où on voudroit faire des vins de l'espece de ceux dont il s'agit, fussent même les Provinces les plus méridionales, pour lesquelles ces sortes de vins, qui généralement y sont inconnus, pourroient devenir une nouvelle source de richesses. Toutes ces considérations, si intéressantes pour le commerce général de nos vins, & en particulier pour beaucoup de nos Provinces, m'ont déterminé à faire sur cet objet les plus grandes recherches ; mais on peut voir dans la Préface les justes motifs qui m'empêchent de les communiquer : c'est pourquoi, sans en rendre compte, je vais reprendre la suite du présent article, c'est-à-dire du tirage des vins, en le considérant par rapport aux vignobles qui sont dans l'usage de laisser séjourner leurs vins dans la cuve long-tempss après qu'ils ne fermentent plus.

Les vignobles prétendront, sans doute, que leurs vins, tirés suivant la regle générale que j'ai établie, seront moins couverts, auront moins de corps, & dureront moins que dans leurs manieres. Mais aussi, & ceci mérite la plus grande attention, ils seront moins gros, moins mats, plus fins, plus délicats, plus coulants, plus chauds, plus agréables, plus promptement potables, & ne seront point sujets aux maladies qu'éprouvent, au moins dans certains pays, les vins trop long-temps cuvés, & parcequ'ils l'ont été :

je vais plus loin, & je me crois très bien fondé à foutenir que, toutes les chofes égales d'ailleurs, le vin décuvé dans le temps que je l'ai indiqué, & non plutôt, non feulement aura plus d'efprits & confervera plus de l'air furabondant qui peut lui être néceffaire, mais encore durera au moins autant & même plus que celui qui aura été décuvé plus tard.

Quoi qu'il en foit, & dans quel temps que foit tiré le vin, auffi-tôt que cette opération fera faite, on portera *féparement* le marc au preffoir; on pourra, fi on veut, dans les années dont il s'agit, mêler le vin de preffurage avec celui de cuvée : cependant, fi on recherche la délicateffe du vin, je confeille de mettre celui du preffoir à part, à l'exception du vin de la premiere ferre, & quelquefois de la feconde : c'eft aux circonftances à décider du plus ou du moins.

Si par une raifon, ou par une autre, le foulage n'avoit pas été bien fait, on ne mêleroit, dans les années dont il s'agit, principalement dans les Provinces méridionales, que le vin de la moitié de la premiere ferre.

Les tonneaux feront emplis jufqu'à l'ouverture, qui fera bouchée dans le jour même ou le lendemain avec des feuilles de vignes, fixées par de petits tuileaux. Au bout de fix ou huit jours ou plutôt, dès que le vin fera froid, on le bondonnera à demeure, & on aura l'attention de le remplir auffi fouvent qu'il en aura befoin, c'eft-à-dire une fois, & dans les trois ou quatre premiers jours, deux fois par jour, juſqu'à ce qu'il ſoit bien bondonné , & enſuite tous les huit ou quinze jours , juſques vers la S. Martin , & quelquefois après , & depuis la S. Martin , tous les mois.

L'exactitude à remplir ſouvent le vin , & tout auſſi ſouvent qu'il en a beſoin , eſt un des principaux moyens pour en prolonger la durée.

Au ſurplus , on apportera au tirage des vins , à leur entonnage & à leur tranſport du preſſoir au cellier, les précautions les plus propres à prévenir l'évaporation & la déperdition de leurs parties volatiles & ſpiritueuſes. On ſent que ces vins , brûlants , comme ils doivent l'être au moment du tirage , ne peuvent , ſans quelque perte , être battus & expoſés à l'air , comme ils le ſont lors de toutes ces opérations. Il eſt vrai qu'il n'eſt guères poſſible de ſauver entiérement cet inconvénient ; mais on le peut au moins en partie. Je n'en donnerai pas les moyens , parcequ'il eſt fort aiſé aux perſonnes qui ſeroient diſpoſées à en profiter , de les imaginer , & que celles qui ne le ſeroient pas , n'en profiteroient point , quand elles les connoîtroient. Je crois cependant ne pouvoir me diſpenſer de remarquer , à cette occaſion , que l'uſage où l'on eſt dans pluſieurs cantons de la Champagne (& ſans doute ailleurs) , de dépoſer ſucceſſivement & momentanément le vin de pluſieurs cuvées dans une même cuve , ſouvent très mal couverte , eſt , on ne peut pas plus mal entendu. Le mélange , à la vérité , s'en fait mieux & plus commodément ; mais combien d'inconvénients balancent cet avantage ? Je pourrai les difcuter dans le premier ouvrage que je donnerai. Ils font fi grands , que je ne crains pas d'avancer qu'il n'y a point de propriétaire raifonnable qui ne doive les éviter & fe déterminer à faire entonner fon vin immédiatement au fortir de la cuve , dans les vaiffeaux où il a deffein qu'il refte , foit foudres ou autres de moindre grandeur , à fon choix, qu'il doit fubordonner toutefois aux circonftances , l'ufage des uns ou des autres n'étant rien moins qu'indifférent.

Ce n'eft pas que beaucoup d'Auteurs , & entr'autres M. l'Abbé Rofier , ne donnent exclufivement la préférence aux grands vaiffeaux fur les petits ; mais c'eft faute d'y avoir affez réfléchi. Je connois très bien les effets & les propriétés des uns & des autres , & après les avoir balancés , je peux répondre que des tonneaux d'une contenance médiocre , tels que ceux dont on fe fert communément , conviennent beaucoup mieux aux Vignerons (qui les préferent) que ne leur conviendroient les foudres confeillés par les Auteurs dont je viens de parler ; ce qui n'empêche pourtant pas que dans certains cas , ces derniers ne foient vraiment plus avantageux.

§. I I.

Maniere de faire le vin rouge dans les années où les raisins ne sont mûrs qu'en partie, c'est-à-dire, 1°. lorsqu'aux mêmes grappes une partie des raisins est mûre, & que l'autre a encore de la verdeur ; 2°. lorsque la vendange est composée de grappes en- ttérement mûres, & pour le restant, de grappes qui ne le sont pas.

Si, comme je viens de le dire en dernier lieu, une portion de la vendange est entiérement mûre, & que l'autre soit entiérement verte, ou même ne le soit qu'en grande partie, on séparera si l'on veut, & ainsi que cela se pratique avec très grande raison dans les meilleurs vignobles, les raisins mûrs d'avec ceux qui ne le sont pas, pour les faire fermenter à part auquel cas les raisins mûrs pourront être traités suivant le premier procédé, & les raisins verds suivant leur degré de verdeur. Si on ne veut pas séparer ces différents raisins, & que, par une raison ou par une autre, on préfere de les mettre dans une même cuve, alors on les traitera comme il va être dit dans l'article suivant.

Dans le cas où des mêmes grappes, une partie des grains sera mûre & l'autre partie ne le sera pas, on se conformera aux sixieme & septieme principes, c'est-à-dire qu'on ne procédera à leur parfait foulage qu'après leur avoir donné tout le temps de s'échauffer dans la cuve ; à l'effet de quoi, de quelque maniere qu'on apporte la vendange de la vigne, on fera en forte qu'il n'y en ait d'abord qu'un quart ou environ d'écrafée, en y comprenant même l'égrappage, qui, fi on le juge convenable, comme il l'eft toujours du plus au moins, dans les années où les grappes font peu garnies, fe fera de préférence avec le bâton four-chu dont j'ai parlé, vû que cette façon d'égrapper eft celle qui écrafe le moins les raifins.

Si on ne juge point à propos d'égrapper tous les raifins, on en égrappera au moins pour couvrir la fuperficie du marc d'environ un pouce.

Auffi - tôt que toute la vendange fera raffemblée dans la cuve, on y verfera, à moins que le temps ne foit très chaud, des raifins bouillants, environ la trentieme & quelquefois la quarantieme partie de ce que la *totalité* de la cuve pourra rendre en vin, c'eft-à-dire un fceau de raifins bouillants pour trente ou quarante de vin.

Cela fait, on couvrira la cuve, à laquelle on ne touchera point, ainfi qu'il a déjà été dit.

Quand le vin fera fait, on le tirera fuivant la pre-miere ou la feconde indication, felon le plus ou le moins de qualité des raifins.

Dès que ce premier vin fera tiré, on foulera le refte de la vendange, foit en entrant dans la cuve (après avoir pris toutefois la précaution de faire de nouveau moût, à caufe du fumet du vin), foit plu-tôt avec les brifoirs. On la foulera parfaitement; & quand on la jugera bien foulée, alors on remuera &

l'on agitera très fortement la vendange dans la cuve,
ou avec les mêmes inftruments qui auront fervi à la
fouler, ou avec tels autres qu'on jugera à propos.

Le but de cette opération eft, autant que cela fe
pourra, non-feulement d'écrafer de nouveau les raifins, mais 1°. de détacher des grappes la peau & les
parties charnues qui peuvent y être reftées des grains
écrafés & déchirés par le foulage; 2°. de délayer ces
grains mêmes, afin d'extraire de leur pellicule les
fibres & la partie de la pulpe qui y adhere; 3°. de
divifer, atténuer & diffoudre le tout, autant qu'il eft
poffible. Cette opération indifpenfable ne fe fera
qu'une feule fois, mais en y mettant le temps & les
hommes néceffaires, & jufqu'à ce qu'on ait lieu de
croire qu'on a rempli les objets pour lefquels on la
fait. Sans cette opération préalable, on peut être ef-
furé en général que le vin fera beaucoup plus aqueux
& d'une bien moindre qualité.

Quand cette opération fera faite, on couvrira
auffi-tôt la cuve, que l'on gouvernera comme il a
déja été dit.

Je penfe que, vû la qualité des raifins dont il
s'agit, & que la vendange fera fortement échauffée
par le travail du premier vin, on peut très bien fe
difpenfer de faire ufage des raifins bouillants; cependant fi le temps étoit froid, j'eftime qu'un vingtieme ou un trentieme de ces raifins ne pourroit
que faire un très bon effet, en les mettant immédiatement après le braffage, & non plus tard. Au

bout de 24 heures, & quelquefois moins, le second
vin pourra être fait, en le tirant sur la premiere indication, & on le mêlera, si on veut, avec le premier
vin qui, à la légéreté & la finesse près, sera inférieur *en tout* au second, qui sera beaucoup plus
moëlleux, plus corsé, plus coloré, moins verd, plus
agréable, plus chaud, mieux constitué, & beaucoup
plus propre à se conserver : c'est en général la qualité qu'auront du plus au moins les seconds vins, par
rapport aux premiers.

Dans la vue de mêlanger les uns & les autres, on
n'emplira qu'en partie les tonneaux dans lesquels on
mettra le premier vin, dont on préviendra l'évaporation en bouchant le tonneau avec le bondon,
qu'on entrera & forcera plus ou moins, suivant que
le vaisseau sera plus ou moins plein, sauf à faire un
trou de vrille ou de forêt, pour donner de l'air au
vin quand il en aura besoin.

Avant de quitter ce Chapitre, je crois devoir répondre à une observation trop naturelle pour qu'apparemment on manque à me la faire : c'est qu'en
faisant, comme je le dis, deux cuvées d'une même
vendange, ce sera occuper la cuve le double de
temps, & par conséquent retarder la cueillette des
autres raisins pour lesquels on pourroit avoir besoin
de la même cuve ; duquel retard peuvent résulter
beaucoup d'inconvéniens. A cela je réponds, 1°. que
le vin fait en deux temps, dans le cas où je le conseille, sera sûrement beaucoup & beaucoup meil-

» leur que fi le tout étoit fait à la fois ; & qu'ainfi
« c'eft au propriétaire à voir ce qu'il aime le mieux,
« ou de faire fon vin plus promptement & moins bon,
« ou de le faire moins promptement & meilleur.
« 2°. Que fi abfolument on ne peut pas faire les pre-
« mieres cuvées, fuivant le premier procédé, on le
« pourra au moins pour les dernieres. 3°. Qu'il n'ar-
« rive que trop fouvent d'avoir des cuves de refte.
« 4°. Ce qui doit trancher toute difficulté, qu'à l'ex-
« ception des pays où, pour ainfi dire, on ne fait que
préfenter la vendange à la cuve, il ne faudra pas,
au moyen des raifins bouillants, plus de temps pour
les deux cuvées qu'on n'en met pour une feule, dans
l'ufage ordinaire, & que même dans bien des vignobles, il en faudra beaucoup moins.

III. §.

*De la maniere de faire les Vins dans les années de
grande verdeur, & lorfque les raifins ont été gêlés
fur les ceps.*

Dans la vue de faciliter la perfection du foulage,
condition fi néceffaire pour la qualité des vins, mon
deffein, lorfque j'ai annoncé ce troifieme procédé,
étoit de confeiller le foulage de la vendange avant
de la mettre dans la cuve ; mais ayant fait réflexion
depuis, que ce foulage, par les détails qu'il exige
dans l'exécution, n'étoit rien moins que facile, &
que d'ailleurs il ne s'accordoit nullement avec les
fixieme & feptieme principes, qui, dans le cas pré-

fent fur-tout, doivent faire loi, j'ai cru devoir chan-
ger d'avis, & préférer le foulage fait dans la cuve.

Ainfi, après avoir égrappé autant qu'il fera poffible, & de la maniere qu'il fera dit ci-après, la vendange à mefure qu'elle arrivera de la vigne, on la
jettera dans la cuve pour y être traitée, à l'égard du
premier vin, fuivant le deuxieme procédé, fi ce n'eft
qu'au lieu d'un trente ou quarantieme, en raifins
bouillants, on fera bien d'y en verfer un vingt ou
vingt-quatrieme, ou autrement dit, un cinquieme,
ou un fixieme du quart qui fera en vin, & qui doit y
être fans plus & *au plus*, attendu que, dans le cas
préfent fur-tout, où les raifins ne font rien moins
que fondants, le foulage du fecond vin, feroit très
difficile, & le braffage encore plus, pour ne pas dire
impoffible, faute d'une affez grande quantité de liquide : ceci mérite la plus grande attention.

La quantité des raifins bouillants fera proportion-
nément d'autant plus forte que la cuve contiendra
moins de vendange ; en forte que, fi par fuppofition
on met un trente fixieme en raifins bouillants dans
une cuve qui contient ou doit rendre douze muids,
il faudra en mettre environ un vingt-feptieme dans
une cuve qui n'en contiendra que fix. On en mettra
auffi d'autant plus ou moins que la vendange par elle-
même, ou par les circonftances, paroîtra plus ou
moins difpofée à fermenter.

Les raifins qu'on deftinera aux chaudronnées feront pris, autant qu'il fera poffible, parmi les plus
murs ;

mûrs ; ils feront apportés de la vigne à grappe feche ,
& fans être aucunement écrafés , afin qu'ils ne s'é-
chauffent point , & on les mettra en réferve pour être
bien égrappés & foulés avec les mains ou autrement ,
quand on voudra en faire ufage : on ne féparera point
le marc d'avec le moût ; mais on les fera bouillir enfemble.

Les raifins bien égrappés & foulés , on en emplira ,
à peu de chofe près , la chaudiere ; on la mettra fur
le feu ; on aura l'attention , très facile , de remuer le
marc & le moût , pour les empêcher de s'attacher au
fond du vaiffeau ; & auffi-tôt qu'ils feront bouillants ,
fi on ne veut pas les faire réduire , on les retirera , &
on les verfera tout auffi bouillants qu'il fera poffible
dans la cuve.

Quant à la maniere de les employer , la meilleure ,
& pour mieux dire , la feule qui foit bonne , eft celle
de les introduire dans le moût , à l'aide de l'entonnoir de fer blanc que j'ai imaginé , dont la douille ,
large de trois pouces de diametre , eft à deux ou trois
pouces près, de la longueur de la cuve. Par ce moyen,
la chaleur fe répand également dans le moût & le
marc , & s'y conferve , fans comparaifon , bien plus
long-temps qu'en les verfant , comme on fait ordinai-
tement dans le marc ; d'où , dans le moment même ,
il s'évapore une très grande partie du feu qu'elles
contiennent : un pareil entonnoir de quatre pieds de
long , avec un baffin de dix-huit pouces de diametre ,
peut revenir au plus à 5 livres.

D

Les chaudronnées feront fervies tout de fuite, & fans autre interruption que celle qu'exige le temps de les faire.

Quant à l'égrappage, peu importe de quelle maniere il foit fait par rapport aux raifins bouillants; mais, quant à la vendange de la cuve, cette vendange étant très dure, & les grains fe détachant très difficilement, le bâton à dent ou fourchette de bois, n'y convient nullement; c'eft pourquoi, à l'exception de cet égrappoire, les vignobles qui font dans l'ufage d'égrapper, pourront le faire à leur maniere, pourvu toutefois que cette maniere n'ait pas le défaut de trop écrafer les raifins, ce qu'il faut abfolument éviter par les raifons que j'ai dites plus haut. On évitera sûrement cet inconvénient, en fe fervant, ainfi que je l'ai fait jufqu'à préfent, de claies ou gros cribles, comme ceux des Maçons, de vingt-deux à vingt-cinq pouces de diametre, formés de gros brins d'ofiers, éloignés entre eux de huit à neuf lignes, & d'un rebord ou bourrelet d'ofier, bien ferré, de fix pouces de haut. Avec un pareil crible, pofé & arrêté fur une futaille, & au befoin fur la cuve, un homme, dans fa journée, peut égrapper à bras, de la vendange pour faire fix à fept muids de vin de trois cents bouteilles.

Il eft vrai que de cette façon la vendange n'eft égrappée que très groffiérement; mais elle l'eft affez, & ne pourroit l'être davantage, fans les plus grands inconvéniens.

Quand le vin fera fait, on le tirera ; mais vû la qualité de la vendange, & qu'il y en aura trop peu d'écrafée pour pouvoir fe décider par fon degré d'élévation ou d'abaiffement, on ne tirera le vin, ni fur la premiere, ni fur la feconde, ni fur la troifieme indication ; on fe réglera, pour le plus fûr, par la qualité de la vapeur qu'exhalera la cuve, & par celle du vin. Si la liqueur n'eft plus du moût, ou plutôt n'a plus de moût, & fur-tout fi la vapeur, quelle qu'elle foit, fut-elle-même acide, *n'eft plus imprégnée du fumet de la fermentation ;* c'eft alors qu'il faudra tirer le vin. Comme ce premier vin fera fort inférieur au fecond, les perfonnes & les vignobles qui auront à cœur de faire un vin de diftinction, ne mêleront point les deux vins, & par conféquent les mettront l'un & l'autre à part.

A l'égard de ceux qui ne voudront faire qu'une forte de vin, ils fe conformeront à ce que j'ai marqué, fur cet objet, dans le fecond procédé.

Quoi qu'il en foit, auffi - tôt que le premier vin aura été tiré, on foulera la cuve, ainfi qu'il a été dit pour le fecond vin, en obfervant, fi on prend le parti d'y defcendre (ce que j'aimerois beaucoup mieux) de commencer par faire du vin avec des pilettes (1) ; non

____

(1) Celles dont je me fers dans la circonftance, portent environ cinq pieds de longueur tout compris, le manche & le pilon, qui eft un bloc de bois de forme cylindrique ou quarrée, de trois ou quatre pouces de diametre ou épaiffeur, fur neuf à dix pouces de longueur.

à caufe du fumet qui ne peut être fort grand ; mais pour pouvoir entrer plus aifément dans le marc, & pénétrer avec moins d'efforts jufqu'au fond de la cuve. On fe fervira pareillement de pilettes, pour ouvrir le marc dans le cas même où on préférera de fouler avec les brifoirs ; celles-là, ayant plus de poids & de coup que ceux-ci, furmontent la réfiftance du marc, l'ouvrent & le mettent à vin, beaucoup plus facilement que ne le pourroient faire les brifoirs ; dont, après cette opération, on doit fe fervir de pré-férence aux pilettes, parcequ'ils ont plus de portée & embraffent une plus grande quantité de marc ; ce-pendant, comme ils ne peuvent écrafer tout au plus que les raifins qui ont une certaine moleffe, & qu'ils ne peuvent rien fur ceux qui n'en ont point, & qu'ici il y en a beaucoup dans ce cas, je confeille, pour achever & completter l'opération, d'employer, quand il y aura beaucoup de liquide, un inftrument qui puiffe s'emparer des grains échappés à l'action des brifoirs, les retenir, les caffer & les déchirer, pour ainfi dire, de force. J'ignore s'il en exifte de tel, mais comme je n'en connois point, j'en ai ima-giné un qui me paroît réunir toutes les propriétés dont je viens de parler. L'expérience décidera de ce qui en eft, & ce qu'on peut y ajouter pour le perfec-tionner (1). Cet inftrument, qu'on peut appeller fi on

---

(1) Cette confidération & l'opinion où je fuis, qu'on peut encore perfectionner les autres uftenfiles que j'ai indiqués, font

veut le déchireur, est composé d'un manche de cinq
à six pieds de long, plus ou moins, suivant la profondeur de la cuve, & d'un morceau de bois ou bout
de planche en forme circulaire de huit à neuf pouces
de diametre, sur environ un pouce d'épaisseur, lequel est garni de dents ou petites chevilles de bon
bois, de la longueur de deux ou trois pouces francs,
sur huit à neuf lignes de diametre dans leur plus
gros bout. Ces chevilles seront éloignées les unes
des autres de neuf à dix lignes. Avec un pareil
instrument, j'estime qu'en y mettant le temps convenable, on parviendra à écraser suffisamment la
vendange du second vin, quelque réfractaire qu'elle
puisse être ; après quoi, on remuera & brassera encore
fortement le vin & le marc avec le même instrument,
ainsi & par la raison qu'on en peut voir au deuxieme
procédé.

Aussi-tôt que ce brassage sera achevé, si le marc
recouvre le clair, comme il y a tout lieu de le croire,
& qu'on ait pû conserver de la vendange assez fraîche
pour pouvoir en faire des raisins bouillants, on en
mettra environ un vingtieme ou un vingt-cinquieme
de ce qu'il pourra y avoir en vin dans la cuve, qui
sera bien couverte ; & de façon, s'il est possible, que
cette vendange n'ait qu'infiniment peu de communication avec l'air, & n'en ait tout juste que ce qu'il en

---

les raisons qui m'ont porté à remettre, après l'expérience, la
gravure de ces différentes pieces.

D iij

faut, pour ne pas nuire à la dépuration du vin : cette communication avec l'air libre, n'étant d'ailleurs nullement néceffaire à la fermentation, comme je l'ai déja obfervé au cinquieme principe, & comme cela eft démontré par nombre d'expériences particulieres que je peux citer ; telles entre autres que mes expériences de 1766 & 1767, ou, non-feulement les cuves étoient couvertes, mais même fermées, principalement en 1767 ; celle de 1768, par M. Thomaffin, dont il fera ci-après parlé, ou, non-feulement la cuve étoit parfaitement couverte avec un fond de planches, mais encore où ce fond étoit entiérement recouvert lui-même de deux ou trois pouces de fable : celles du même, dans la même année, dans deux ronnes d'environ deux muids, chacune emplies de vin, bien fermées, bien enfoncées & bien affurées des deux bouts : & enfin celles que j'ai faites moi-même, en la même année, au nombre de trois, dans des vaiffeaux également fermés, enfoncés des deux bouts & entiérement pleins. Mais fans recourir à toutes ces expériences, l'expérience générale feule prouve & démontre, contre l'opinion de M. Macquer, que fi la fermentation ne peut avoir lieu dans le vuide, au-moins eft-il certain qu'elle a lieu dans les vaiffeaux clos & même pleins, dans lefquels par conféquent la communication avec l'air eft abfolument interdite à la matiere fermentante, ce qui eft, mot pour mot, oppofé à ce qu'enfeigne M. Macquer, qui, par cet enfeignement, donne un faux principe & une fauffe regle fur la fermentation.

Quand le vin fera fait (& dans ces années mêmes il le fera en moins de deux fois 24 heures ; ce que je n'affure cependant pas, faute de m'être trouvé dans la circonftance), on le tirera. On jugera qu'il fera fait fur la troifieme indication, & encore fur celle que j'ai donnée pour le premier vin. Je crois cependant, s'il eft exactement façonné comme je l'enfeigne, que le plus fouvent, ou au moins très fouvent, on pourra le tirer fur la feconde indication. On fe conformera, pour l'entonnage de ce fecond vin, à ce qui a été dit dans l'autre procédé, à l'égard duquel, comme de celui-ci, mais principalement de ce dernier, je remarquerai que le vin de preffurage qui viendra après la premiere ferre, ne pouvant (quoiqu'il ne le parût pas pour le moment) qu'être beaucoup plus verd, plus dur & moins fpiritueux que celui de la cuvée, on fera très bien de ne point mêler ces deux vins enfemble, fi l'on veut avoir un vin de choix. On conçoit (ce qui eft vrai fur-tout pour ce troifieme procédé) qu'un vin qui n'a tout jufte que ce qu'il lui faut pour être bon, ne peut plus l'être fi on le mêle avec un quart, un cinquieme, plus ou moins, d'un vin inférieur & mauvais. Le Bourgeois fur-tout & les Vignobles diftingués ont le plus grand intérêt à éviter ce mélange ; ils en vendront mieux leurs vins, & les vendront où fouvent ils n'auroient pu les vendre. Ces confidérations me portent à leur confeiller 1°. de ne mettre, dans le cas préfent, avec le vin de cuvée que la moitié ou les deux tiers de la premiere ferre ou du premier abattage ; 2°. de ne point fouler tout-à-fait à ou rance, afin de ne pas écraser les raisins les plus verds, en observant toutefois de brasser parfaitement la vendange, comme je l'ai indiqué ; 3°. dans le cas de gelée d'une partie de la vendange, de trier, séparer & faire fermenter à part les raisins mûrs d'avec ceux qui ne le seront pas. Les bons vins en seront plus communs, & tout le monde y gagnera, le propriétaire, le consommateur & l'Etat.

IV §.

Maniere de faire le vin dans les années & les vendanges pluvieuses.

Toutes les fois que, par une cause ou par une autre, les raisins seront abondants en eau cruë & non parfaitement convertie en eau végétale, on se conformera, suivant le degré de verdeur ou de maturité de la vendange, à l'un ou à l'autre des deux derniers procédés que je viens de donner. En suivant exactement la marche que j'y ai tracée, on obtiendra les mêmes avantages : il s'en rencontrera même un particulier dans le cas des vendanges pluvieuses ; c'est que le premier vin se trouvant chargé seul de toute l'eau des pluies, ce sera pour l'autre vin comme s'il n'en étoit point tombé & que les vendanges eussent été faites par un temps sec & non pluvieux. Ainsi, ce qu'on étoit bien loin d'espérer, & même de regarder comme possible, on pourra désormais, avec une vendange noyée, pour ainsi dire, d'eau, faire du vin absolument sans eau,

ou du moins, parfaitement dépouillé de cette eau. Cet
avantage n'est pas, à beaucoup près, le seul que pro-
duiront mes nouveaux procédés; mais il y met, en
quelque sorte, le comble, & est sûrement le moins attendu. Je n'en détaillerai pas toutes les heureuses con-
séquences : pour peu qu'on y réfléchisse, il est aisé
de les appercevoir & de sentir combien elles sont intéressantes à tous égards, & singuliérement pour notre
commerce avec l'Etranger, qui bien certainement re-
cherchera toujours d'autant plus nos vins, qu'ils auront plus de qualité.

Dans cette vue, je crois devoir ajouter que comme
dans les années pluvieuses, il n'est guères possible
que les raisins étant gonflés d'eau, il ne s'en trouve
au moins quelques-uns de pourris, on ne peut mieux
faire que d'éplucher soigneusement les grappes où il
s'en trouvera, afin qu'il n'en entre point dans la cuve;
& où il y en auroit beaucoup, on les fera cueillir sé-
parément & porter tout de suite sur le pressoir, où,
après les avoir foulés, on les pressurera.

Ces raisins, que je suppose n'être point pourris in-
térieurement, mais seulement à leur écorce, avec laquelle ils n'auront point fermenté, donneront un vin
qui n'aura point de déboire, & qu'on traitera à la façon des vins blancs. Il est vrai qu'il n'aura point de
couleur, mais on pourra lui en donner avec le vin de
pressoir.

Au surplus, si on ne vouloit ou ne pouvoit trier
& séparer les raisins pourris, & qu'ainsi on se déter-

minât à les mettre cuver avec les autres, alors, pour prévenir le goût & en tout cas la mauvaife qualité qu'ils pourroient communiquer à toute la maffe, il fera néceffaire, avant de mettre les raifins bouillants, & auffi-tôt que toute la vendange fera fenfiblement élevée au-deffus du vin, alors, dis-je, il fera néceffaire de tirer par la canele la plus grande partie ou même la totalité de ce vin, & de le verfer deffus la vendange, afin de détacher & d'emporter, par ce lavage, toute la moififfure & la pourriture des grains qui en font attaqués, &, s'il eft poffible, les grains eux-mêmes, c'eft-à-dire, leur pulpe.

Après cette opération, on mettra les raifins bouillants, fi la vendange & les circonftances l'exigent. Deux ou trois heures avant de tirer, on répétera le lavage de la même maniere que la premiere fois, & par ce moyen, l'on parviendra à faire paffer dans le premier vin toute l'impureté & les inconvénients de la pourriture, & le fecond vin en fera entiérement exempt.

Ainfi, non-feulement on peut, à la faveur de mes découvertes, dépouiller les vins d'une partie de leur eau, mais encore les nettoyer & les préferver de la pourriture des raifins & des accidents qu'elle ne peut manquer de leur occafionner. Quel cas ne doit-on donc pas faire de ces découvertes, & avec quel empreffement ne doit-on pas fe porter à en jouir, en faifant ufage des nouveaux procédés que je donne pour cela ? On doit d'autant plus s'y porter, que d'un côté,

au moyen des grands détails dans lesquels je suis entré
sur ces procédés , il n'y a personne qui , avec un peu
d'intelligence , ne puisse sûrement & facilement les
exécuter ; & que de l'autre , on peut en général les
exécuter à très peu de frais. Les opérations sont peu
coûteuses , & le plus cher des ustensiles (l'entonnoir)
ne monte pas à plus de cent sols ou six francs ; les autres ne passent guères vingt-quatre ou trente sols. Il
y a , à la vérité , quelques vignobles auxquels , par
circonstance , il en coûtera quelque chose de plus
qu'aux autres ; mais qu'est-ce que ce plus & tout ce
qu'il en pourra coûter , pour avoir des vins supérieurs
pour la qualité & pour le prix , pour avoir des vins
qu'on vendra & que peut-être on n'auroit pas pu vendre ; des vins dont , suivant les occasions , on pourra
retirer une pistole , deux pistoles , trois , quatre &
quelquefois cinq & six pistoles de plus par muid
qu'on n'en auroit eu , & qui , généralement parlant ,
ne coûteront pas , pour la façon de chaque muid , dix
ou quinze sols de plus qu'ils n'auroient coûté dans les
pratiques ordinaires , même les plus simples ?

CHAPITRE IV.
EXPÉRIENCES.

Je suis bien éloigné d'approuver la suffisance, souvent aussi sotte qu'arrogante, des Manouvriers de l'Agriculture, & leur obstination à se roidir contre l'évidence la plus claire & la moins équivoque. Ces hommes, d'ailleurs si précieux & si estimables, devroient sans doute faire un meilleur usage de leur raison & de leur intelligence. Cependant, il le faut avouer, à bien des égards ils sont excusables ; ils le sont sur-tout beaucoup plus que les Maîtres qui les mettent en œuvre, & qui, pour être en général plus éclairés, & avoir plus de loisir & de fortune qu'eux, n'en sont pas toujours pour cela ni plus dociles, ni plus disposés à profiter des instructions aussi solides qu'utiles qu'on met entre leurs mains. Quoique souvent les premiers à s'élever & à déclamer contre les préjugés ridicules & l'entêtement des gens de la campagne, ils les imitent presque toujours dans ce même entêtement qu'ils leur reprochent avec tant de justice, & les prennent même pour guides, eux, qui devroient être les leurs, & qui paroissent avoir été mis par la Providence à côté de l'homme chargé du travail de la terre, pour l'instruire, le diriger & l'éclairer, tant par leurs leçons que par leur exemple : c'est donc proprement à l'indolence des maîtres, quels

qu'ils soient, & à leur indocilité, qu'il faut attribuer l'état d'inertie & d'ignorance, où en est encore
notre agriculture, & où elle ne cessera d'être tant
qu'au lieu d'écouter, le Paysan enseignera le Bourgeois. *Infelix ager*, dit Columelle, *cujus Villicus
Magistrum non audit, sed docet.* Sans cet asservisse-
ment des maîtres & leur engourdissement, combien
de bonnes pratiques seroient en vigueur, qui ne sont
pas même connues ?

Au reste, plus cet engourdissement est ancien &
universel, & plus ceux d'entre eux qui s'en affranchis-
sent, méritent de louanges ; c'est de leur part, des
traits d'émulation qui ne peuvent que leur faire hon-
neur, & leur assurer une place distinguée dans l'agriculture, dont on peut les regarder comme les répa-
rateurs, & en quelque sorte les lumieres, par le soin
qu'ils prennent de distribuer & d'étendre celle qu'ils
reçoivent : c'est à regret que je tais le nom de ceux
que je pourrois citer ici ; mais on peut voir à la tête
de cet Ouvrage, les raisons qui me forcent à me
borner pour le présent, à ne faire connoître que les
personnes qui se trouveront avoir fait les expériences que je vais rapporter.

Ces expériences, que j'abregerai le plus qu'il me
sera possible, ont pour objet, non seulement de prouver l'efficacité de mes procédés, mais encore de discuter, suivant l'occasion, quelques principes dont
l'éclaircissement peut importer à la manipulation des
vins.

Je ne produirai point ici mes premiers essais; il étoit assez difficile qu'ils me réussissent, n'ayant pour m'y conduire ni guide ni usage : ce n'est qu'en 1766 que mes expériences, un peu mieux raisonnées que les précédentes, sont devenues plus intéressantes.

Première Expérience. En cette année 1766, dans la vue de m'assurer s'il étoit vrai, comme bien des gens le prétendoient & le prétendent encore, que l'égrappage des raisins occasionnoit presque nécessairement la graisse des vins, je fis d'abord égrapper ma vendange, qui étoit passablement mûre, par un crible semblable à celui dont j'ai donné la description, pag. 50 ; & après l'avoir bien fait fouler, je la fis passer par un second crible plus serré que le premier. Ces opérations durerent deux jours. Aussitôt qu'elles furent achevées, comme le marc recouvroit le moût, je fis verser des raisins bouillants, & couvrir, ou plutôt fermer la cuve, à laquelle on ne toucha plus. La fermentation fut très vive & le fumet excessivement fort. Au bout de 47 heures, il n'y avoit plus de fermentation ; & alors, ce qui étoit trop tard, je fis tirer le vin, qui s'est trouvé le meilleur du pays, & qui, au moyen de la parfaite fermentation, s'est beaucoup mieux conservé que mes vins des années précédentes, & n'a point tourné à l'huile comme eux, quoiqu'il eût été égrappé deux fois, & les autres une seule. Je dois observer à l'occasion de cet égrappage, qu'encore qu'il ait été outré, néanmoins le marc est toujours resté en état, & n'a cessé, dans aucun temps, de couvrir le vin.

Il réfulte de cette expérience deux vérités inconteftables, la premiere qui eft conforme au neuvieme principe, c'eft que quand la fermentation a été parfaite, le vin, pour être fait de raifins très égrappés, n'en eft pas pour cela, au moins en général, plus fujet à tourner à l'huile, & que parconféquent c'eft un préjugé de le croire.

La feconde, c'eft que c'eft fans aucun fondement & contre les faits, que plufieurs Auteurs, & entr'autres M. l'Abbé Rofier & l'Auteur Anonyme, d'une Differtation fur les vins, imprimée en 1772, page foixante, prétendent que la croûte fe rompt dans les vins que l'on a trop rigoureufement égrappés, qu'alors cette croûte manque de foutien & fe précipite fréquemment au fond de la liqueur par petites maffes. Cette précipitation, telle qu'on la dépeint ici, eft une pure imagination, & n'eft rien que cela.

Seconde Expérience. On peut fe rappeller qu'en 1767, les raifins étoient par-tout très verds, aqueux & fans qualité; les miens, par des raifons qu'il eft inutile de rapporter ici, avoient encore plus de verdeur que ceux des autres vignes; très verds à la vue, ils l'étoient encore plus au goût, & pour furcroît de défavantage, ma vendange ne montoit au plus qu'à quarante paniers : cependant cette vendange ayant été bien foulée & égrappée, à un quart près, m'a fourni, au moyen des raifins bouillants, & de ce qu'elle a été bien couverte, un vin bien corfé, riche en couleur, & fupérieur en tout point aux meilleurs vins du pays,

à ceux mêmes qui avoient fur lui l'avantage du grain,
de terre, de l'expofition, de la maturité & de la quantité de la vendange ; c'étoit un vin étonnant eu égard
à la qualité des raifins, & d'autant plus étonnant,
qu'à la manipulation près, je n'avois affurément rien
fait qui pût lui donner cette fupériorité. A mon
avis, le vin ne peut être trop pur, & il ceffe de l'être
dès qu'on y mêle un corps quelconque qui lui eft
étranger, fût-ce même du miel ; ce n'eft pas que ce
dernier correctif ne puiffe, peut-être, avoir quelques
propriétés : mais n'eût-il que l'inconvénient d'être trop
rare & trop cher pour être d'un ufage général, ce feul
inconvénient auroit dû, ce femble, détourner M.
l'Abbé Rofier de le propofer, page cinquante-huit,
de l'Ouvrage déja cité, comme un grand moyen,
comme un moyen généralement praticable dans ce cas
de la trop grande aquofité des vins ; d'ailleurs ce
moyen eft d'un très petit effet auffi bien que le fucre,
à moins qu'on ne mette de tout cela, en très grande
quantité, ce qui alors devient très difpendieux ; cependant encore vaudroit il beaucoup mieux faire ufage
de ces deux correctifs que de la manne, de la caffe, &
autres drogues femblables qu'on indique, ou qu'au
moins on paroît tolérer dans la Differtation anonyme déja citée, page cinquante-deux : ces drogues peuvent avoir leur utilité pour la fanté, mais ce n'eft certainement pas dans le vin.

Je n'entrerai dans aucun détail fur mes expériences de 1768, comme, à l'exception de ce que j'en ai
déja

déja dit à la page cinquante-deux, elles ne se rappor-
tent point aux vues dont il s'agit dans cet Ouvrage ;
elles y seroient inutiles, c'est pourquoi je passe à celle
que j'ai faite en 1769.

Troisieme Expérience. Quoique cette expérience,
que j'ai rapportée dans le plus grand détail, dans mon
Ouvrage imprimé en 1770, ne m'ait point réussi, à
raison de ce que j'avois déplacées, à dessein, quelques-
unes de mes opérations : cependant elle m'a fourni,
dans le temps, l'occasion de m'assurer, au moins néga-
tivement, de deux points très importants : le premier,
c'est qu'il ne faut point mettre les raisins bouillans
quand la fermentation est déja avancée ; le deuxieme,
qu'en mettant, *ce qui est très mal*, ces raisins lors
même que le vin est presque fait, & même achevé, le
vin peut en être plus foible, comme je l'ai éprouvé,
& par plusieurs raisons qu'il seroit trop long de rapporter, mais ne s'aigrit point, comme on pourroit
le croire ; ce qui contredit formellement ce que M.
Macquer enseigne, ou tout au moins insinue à l'article vin, page six cents trente-six, où, après avoir parlé
des inconvénients de la fermentation poussée trop loin,
il en conclud, ainsi que je l'ai déja observé, que dès
que la fermentation spiritueuse est *parfaitement finie*,
& même *quelquefois avant*, le vin commence à subir
la fermentation acide. Ici les chaudronnées ont été
mises que le vin étoit entiérement fait : elles y ont
occasionné un mouvement très sensible ; & cependant, quoiqu'assurément très médiocre, le vin, qui

n'a été décuvé que huit jours après ces fausses opérations, n'a point aigri. Peut-on une preuve contraire
plus précise ? Cette expérience en fournit encore une
autre, non moins directe, contre le même Chymiste,
qui (à la page 631) dit que la fermentation venant à
diminuer, « alors la croute, qui n'est plus soutenue,
» se divise en plusieurs pieces, qui tombent successi-
» vement au fond de la liqueur. » Mon vin, qui a
été douze jours dans la cuve, & qui auroit dû en être
tiré, au plus tard, au bout de cinq jours, c'est-à-dire,
le premier Octobre, ne l'a été que le 8 ; & cependant
le marc, quoiqu'égrappé, quoique rabaissé dans le vin
à plusieurs reprises, ne s'est point précipité & s'est
toujours soutenu au-dessus de la liqueur, qui depuis
huit jours au moins ne fermentoit plus. Or, c'étoit
assurément là le cas, ou jamais, de la précipitation,
si elle avoit eu à se faire. Elle ne s'est point faite : donc
elle ne devoit point se faire ; donc M. Macquer s'est
trompé sur ce second objet, comme il s'est trompé sur
le premier, & comme il s'est encore trompé dans la
description qu'il donne à la même page 631 des phé-
nomenes de la fermentation. Je dois les connoître,
& je garantis qu'on ne pouvoit en donner un tableau
moins ressemblant.

Quatrieme Expérience. Il résulte de cette quatrieme
expérience, dans laquelle, par épreuve, j'ai fait bouillir & réduire un grand quart du moût, que le moût
très concentré & réduit aux deux tiers, & même à
moins, loin de nuire au vin, & sur-tout au vin com-

mun & furchargé d'eau, ne peut que lui être très avantageux. En effet, le vin de cette expérience, tiré au bout de trois jours, s'est trouvé riche en couleur, corfé, vineux, fupérieur à tous les vins du pays, & avec un petit goût de cuit (à caufe de la réduction, faire un peu trop précipitamment) qui le rendoit très agréable. Quoique je n'en euffe qu'une très petite quantité, pour éprouver le goût du Public, j'en ai fait débiter une piece à St. Germain-en-Laye, qui a été achevée dans le même jour, tant l'empreffement y étoit grand (1).

Il eft vrai que dans cette année 1770, ainfi que dans l'année 1767, où j'ai fi bien réuffi, M. Duhamel du Monceau, qui s'étoit chargé, envers l'Académie des Sciences, de répéter mes expériences, n'a pas eu, à beaucoup près, les mêmes fuccès. Mais après les miens & beaucoup d'autres, le peu de réuffite qu'a eu cet Académicien ne prouve autre chofe finon la nouveauté de mes procédés, & que n'ayant point l'habitude de la bonne manipulation, parceque jufqu'à moi on ne l'a point connue, ce Savant s'en eft écarté dans des points très effentiels; à moins de nier l'évidence, je défie de pouvoir en donner d'autres raifons. Et en effet, il eft certain & très certain qu'au moins M. Du-

---

(1) Je penfe que du moût fortement réduit conviendroit très fort à tous les vins qui ont un goût de terroir, en ce qu'il couvriroit entiérement ce goût, ou au moins le rendroit moins fenfible.

hamel a manqué dans la plus importante de toutes les opérations. Qu'on vienne dire après cela, comme cela s'est dit, qu'il est inutile de faire connoître mes procédés : les hommes même les plus savants les ignorent, & ceux qui ne les ignorent pas, en ignorent au moins l'importance.

Cinquieme Expérience. Les raisins de cette expérience, faite à Sevre, chez M. Parent, premier Commis de M. Bertin, Ministre, étoient si verds, & si durs, que les pieds ne suffisant pas pour les écraser, à mesure qu'ils arrivoient de la vigne, on a été obligé de se servir de pilettes, & encore ces instruments n'auroient-ils pas suffi, si l'on n'avoit pris le parti de faire alternativement retirer le moût, & écraser la vendange de chaque piece jusqu'à cinq & même jusqu'à six reprises de suite. Ces opérations, commencées le 7 Octobre 1771, ont duré jusqu'au 8 au soir, que, dans la vue, non d'accroître, mais seulement d'accélérer la fermentation, on a versé dans la cuve par l'entonnoir, sept seaux de raisins bouillants ; ensuite de quoi la cuve a été couverte avec une couverture de laine qui a été retirée le 9 au soir, parceque *la vapeur qu'exhaloit la cuve étoit fortement imprégnée d'acides.* Le 10 au matin, le marc, qui couvroit alors parfaitement le clair, m'ayant paru un peu vineux, j'ai fait couvrir la cuve, ou plutôt le marc, avec le fond de bois, en attendant les raisins bouillants, qui ont été mis à la quantité de neuf chaudronnées, c'est-à-dire de la sixieme partie de la totalité de la vendange. Ces raisins ont été versés tout de suite, & sans autre intervalle de temps que celui nécessaire pour les faire bouillir : c'est comme cela qu'ils l'ont été dans toutes mes expériences, & qu'ils doivent l'être ; & non comme l'enseignent M. l'Abbé Rosier, page 46, & l'Auteur de la Dissertation anonyme, dont j'ai déja parlé pag. 34, lesquels prétendent qu'il faut jeter le moût bouillant *au fond* de la cuve (ce qui d'abord ne se peut pas dans leur façon). 1°. Quand on commence à la remplir ; 2°. quand elle est à moitié pleine ; 3°. quand elle est entiérement remplie. Cette maniere d'employer le moût ne vaut absolument rien, mais absolument rien par nombre de raisons que je pourrois en donner ; & ne peut guère avoir d'autre effet que de rendre inutile & de décrier le plus grand Véhicule que l'art puisse fournir pour la fermentation.

Quoiqu'il en soit, après une très grande fermentation, le vin a été tiré de la cuve trois jours après l'introduction des chaudronnées, & a été goûté le dix-neuf Décembre suivant, en exécution des ordres de M. le Lieutenant Général de Police, par les Grands Gardes & Gardes en charge du Corps des Marchands de Vin, au nombre de sept, qui, après l'avoir comparé à cinq essais d'autres vins du pays, ont certifié par leur Procès-verbal dudit jour, » qu'il étoit d'un » goût supérieur à celui des cinq essais ; que sa cou- » leur en étoit plus belle, & qu'il avoit beaucoup » moins de verdeur, & étoit préférable à tous égards,

»à ceux du même canton &c. «; au mois de Décembre 1774, M. Parent buvoit encore de ce vin qui a duré le double de ceux du pays, & dont la qualité m'a étonné moi-même.

Sixieme Expérience. En 1772, expérience à Chatou, près Paris, chez M. Bertin, Miniftre; le vin de cette expérience s'eft également trouvé fupérieur à tous ceux du pays, auxquels on en a fait la comparaifon, en préfence même du Miniftre. A tout prendre, la vendange étoit encore de moindre qualité que celle de l'expérience précédente qui étoit moins furchargée d'eau; mais comme elle avoit moins de verdeur & plus de moleffe, & que d'ailleurs le temps étoit très chaud, elle n'a cuvé, en tout, que quatre jours, au lieu que l'autre en a cuvé fept. Le vin en a été tiré fur la deuxieme & troifieme indication, & non fur celles que donne indiftinctement pour tous les cas, quoiqu'elles ne conviennent à aucun, M. Macquer qui, au mot déja cité, page 634, dit que » lorfque la » croûte fe divife en pieces qui tombent fucceffive- » ment au fond de la liqueur, c'eft-là le temps qu'il » faut faifir, lorfqu'on veut avoir un vin généreux & » riche en efprits, pour favorifer la ceffation de la fer- » mentation fenfible «. 1°. Cette chûte & cette divifion, quand on les fuppoferoit, ne pourroient jamais avoir lieu qu'après qu'il n'y auroit plus de fermentation fenfible, & alors il feroit trop tard, dans fes principes mêmes pour tirer le vin. 2°. C'eft que comme je l'ai déja remarqué, cette chûte & cette division n'arrivent jamais, & sur-tout n'arrivent jamais par un effet naturel & ordinaire de la diminution de la fermentation ? Comment donc M. Macquer a-t-il pû en faire une regle générale ? Comment même a-t-il pu avancer le fait ?

Septieme Expérience. Expérience en 1773, par M. Geoffroy de Vandieres, Secretaire du Roi, à Epernay, en Champagne, sur les premiers crus de la riviere de marne (Cumieres, Hautvillers, Pierry, &c.), il résulte de cette expérience, à laquelle j'ai été présent & qui n'a été faite qu'en partie suivant mes principes. 1°· Que les raisins bouillants employés, même en très grande quantité, comme un douzieme, ne nuisent en rien aux vins les plus fins, comme le font ceux dont il s'agit. 2°. Que dans *les années de maturité*, la parfaite fermentation ne peut avoir lieu à l'égard de ces sortes de vins, ni dans mes procédés, ni dans aucun autre connu, sans altérer leur finesse, & que parconséquent, cette fermentation étant absolument nécessaire, il faudroit, & il seroit de la plus grande importance, pour la solidité & le commerce de ces vins, de trouver une maniere de les faire qui pût concilier leur délicatesse avec la fermentation telle qu'elle doit être. J'ai annoncé des vues à cet égard, mais on a vu, dans la Préface, les justes motifs qui m'empêchent de les publier.

Huitieme Expérience. Expérience dans la même année, à Mareuil, un des meilleurs crus de la riviere de Marne, par M. de Marassé, Colonel d'Infanterie. Le vin de cette expérience, faite, en tout point, aux raisins bouillants près, suivant mes principes, & en partie en ma préfence, est supérieur, pour la qualité, le prix & la durée, à tous ceux du même lieu ; il a été vendu sur le pied de quatre cents livres, les deux poinçons de quatre cents bouteilles.

Neuvieme Expérience. Expériences depuis 1768, par M. Thomaffin, Marchand à Triel : on peut juger de ses succès par sa constance à suivre ma méthode.

Dixieme Expérience. Expériences depuis 1769, par M. de Levemont, ancien Garde du Corps ; par Jean François Corroyer, Vigneron à Triel ; par le nommé Jaunot, Vigneron à Vernouillet ; par M. Remond, Docteur en Médecine, à Semur en Auxois, & par M. Martenet, Avocat du Roi, à Dole en Franche-Comté ; les vins de ces expériences font supérieurs aux autres vins du pays, & principalement ceux de MM. Remond & Martenet, pour le prix & la durée. Le dernier de ces Meffieurs vient de me procurer plufieurs Soufcripteurs de fa même Ville.

Onzieme Expérience. Expériences faites depuis 1770 par M. le Curé de Dammartin, près Mantes, & trois particuliers du même lieu ; par M. Vincent, Curé de Quincey, près Nogent-fur Seine, & par M. Comynet, Avocat à Avalon. Par fa derniere lettre, en date du 28 Février dernier, M. Comynet me marque qu'il est toujours très content des vins qu'il façonne en conformité de mes ouvrages, & que la perfonne à laquelle il a vendu ceux des deux dernieres années, lui a témoigné qu'elle les trouvoit fort bons.

Douzieme Expérience. Expériences depuis 1771, par M. l'Abbé Lafont, Prieur Commandataire à Ris, en Auvergne ; par M. Maret, Docteur en Médecine & Secretaire perpétuel de l'Académie de Dijon, & M. le Curé de Givre ; par M. Guillemont, Curé de Carlepont, près Noyon en Picardie. Ces trois Meſſieurs paroiſſent avoir eu à tous égards les plus grands ſuccès. M. le Curé de Carlepont, entr'autres, par ſa lettre du 30 Novembre dernier, s'explique ainſi. «On » eſtime mon vin un tiers plus que celui de l'endroit, » & moi je proteſte que je n'en donnerois pas un » muid pour deux des autres. C'eſt à vous, Monſieur, » que j'en ai l'obligation ; c'eſt à vos expériences, ſi » multipliées & ſi variées depuis quinze ans, que je » dois l'art de faire quelque choſe avec rien : vous » avez ſemé, & les autres moiſſonnent. Que ne ſuis- » je, &c..... Mais ce que je ne puis faire, j'ai la » confiance que le Gouvernement le fera : il eſt » trop judicieux pour laiſſer ſans récompenſe ceux » dont les travaux & les recherches ſont ſi utiles » à l'Etat ». Il ajoute que, pour porter cinq de ſes Paroiſſiens à ſuivre ma méthode, il n'a eu beſoin que de leur faire goûter de ſon vin. M. Maret, dans ſa lettre, rapportée dans la Gazette d'Agriculture du 28 Novembre 1772, y dit, en parlant de moi : « Je lui ſuis » redevable d'avoir donné à ma récolte une meilleure » qualité ; & vous voudrez bien me permettre de lui » en témoigner ma reconnoiſſance. La plus douce ſa- » tisfaction que puiſſe goûter un ami des hommes,

» eſt celle de faire du bien, & M. Maupin peut ſe
» flatter d'avoir rendu un ſervice eſſentiel à la Socié-
» té ». M. l'Abbé Lafont s'explique à-peu-près dans
les mêmes termes. Ces témoignages & une infinité
d'autres que je pourrois citer, doivent être d'autant
moins ſuſpects, que je ne connois aucun de ces Meſſieurs, & que, par conséquent, il n'y a que la vérité ſeule & la reconnoiſſance qui puiſſent les porter
à me rendre juſtice.

Treizieme Expérience. Expériences faites depuis
1772 par M. Moſnard, Chirurgien à Triel; par M.
le Curé de Brétigny, près Linas; par un particulier
d'Argentan, en Berry; par M. Miché, Curé de S·
Maurice, ſur l'Averon, dans le Gatinois Orléannois;
par M. Potin, Curé de Fontaine-ſous-Jouy; par le
S. Chevalier, fils, Garde des plaiſirs du Roi, à Ar-
genteuil, près Paris; par M. d'Ambournay, Secretaire perpétuel de la Société Royale d'Agriculture
de Rouen; par M. Parent, & par M. l'Abbé de la
Chambre, Chanoine de l'Egliſe de Chartres. Tous
ces Meſſieurs ont eu des ſuccès, mais principalement les quatre derniers paroiſſent avoir fait des
vins diſtingués pour la qualité, le prix & la durée.
M. l'Abbé de la Chambre, qui, par ſes ſoins & ſon
vin, m'a valu ſeul plus de vingt Souſcripteurs, a
vendu ſon vin de 1772 moitié plus (& je n'en dis pas
aſſez) que les autres vins du même canton : les vins
de M. Parent & du ſieur Chevalier ont été auſſi mieux
vendus que ceux des mêmes crûs; & M. d'Ambour-

nay, dans sa Lettre du 9 Janvier dernier, me marque la plus grande satisfaction du vin qu'il a fait, suivant mes expériences, en 1772 à quelques lieues au-dessus de Rouen. Dans la même Lettre, il ajoute : » J'ai dessein de lui donner (à son cidre) toute la » perfection qu'il peut acquérir, étant traité par » votre méthode autant que le genre du fruit peut » le comporter, c'est - à - dire, &c. Je vous prie, » Monsieur, de m'aider de vos lumieres pour tirer » partie de cette idée, & prévenir ce qu'elle pour- » roit avoir de faux. Si le succès y répond, vous » aurez rendu à notre Province à cidre, un ser- » vice presque aussi important que vous avez rendu » à celles à vin ».

M. d'Ambournay trouvera ma réponse dans la Préface, & y verra que c'est moins à moi qu'au Gouvernement qu'il faut s'adresser pour cela.

Quatorzieme Expérience. Il s'est fait en 1773 un grand nombre de nouvelles expériences dans différentes Provinces ; mais comme j'en ignore les suites, je me borne à citer celles de M. le Comte d'Eurefin en Lorraine, celle de M. le Baron de Veaucé dans le Bourbonnois, & celle de M. le Marquis des Goutes dans la même Province. Cette derniere paroît avoir eu le plus grand succès, ainsi que celle de M. le Baron de Veaucé, qui a eu l'honnêteté de m'écrire, au mois d'Avril dernier, uniquement pour me marquer la grande satisfaction qu'il en a. A l'égard de M. le Comte d'Eurefin, dans sa Lettre du 4 Décembre dernier , il m'écrit que ma méthode lui a parfaitement réussi , & lui a procuré en 1773 , non seulement un vin meilleur , au dire des Marchands de vin , que tous ceux des environs , mais encore qui s'est beaucoup mieux conservé.

Quinzieme Expérience. Expériences faites en 1774 aux environs de Saumur , par M. de Nuslé , & M. Dauré , ancien Major du Régiment de Béarn. Il me paroît , par la Lettre que j'ai reçu de M. l'Abbé Cotelle , Doyen de S. Martin , & Secretaire perpétuel de la Société d'Agriculture d'Angers , que les vins de ces Messieurs sont supérieurs en qualité à ceux de leurs voisins , & qu'ils n'ont aucune verdeur , quoique leurs raisins en eussent. Dans la même Lettre , M. l'Abbé Cotelle me témoigne que la Société desireroit fort de connoître les vues que j'ai annoncées pour les vins blancs ; que ce seroit une richesse pour la Province dont le principal produit consiste en vin de cette espece , ce qui est très vrai : mais quelque envie que j'aie de servir cette Province & de répondre , autant qu'il est en moi , à la confiance dont la Société m'honore, je me flatte qu'elle approuvera mon silence quand elle en saura les raisons.

Seizieme Expérience. D'après les expériences dont je viens de rendre compte , j'ose dire qu'il n'y a personne qui ne doive être parfaitement convaincu de l'efficacité de mes premiers procédés & des grands avantages que les vignobles & le Public peuvent en retirer. Tout cela est démontré de maniere qu'il n'est plus permis, ce me semble, à tout homme raisonnable d'en douter ; cependant il est certain que l'effet de ces premiers procédés est de beaucoup inférieur à celui des seconds, même dans l'état d'imperfection où étoient encore ceux-ci, lors des six expériences que j'en ai faites l'année derniere, chez M. l'Intendant de Lorraine. Il n'y a aucune de ces six expériences qui, à regarder les circonstances & la qualité des raisins, n'ait réussi, & n'ait donné un vin supérieur à ce qu'il auroit été ; mais la derniere étant, par plusieurs raisons, celledont le succès est le plus remarquable, c'est la seule à laquelle je crois devoir m'arrêter.

La vendange de cette expérience étoit composée en partie de raisins blancs, mais en très petite quantité, &, pour le surplus, de raisins noirs, appellés dans le pays raisins de grosse race, en partie mûrs & en partie verds. On n'a fait ni choix ni rebut ; tout est entré indistinctement dans la cuvée, qui a été achevée & couverte le 8. Elle a été couverte mieux que les autres : le premier vin n'a été tiré que le 14, faute d'avoir mis assez de chaudronnées, sans quoi (& si le premier foulage avoit été fait un peu plutôt qu'il ne l'a été) le vin auroit pu être décuvé dès le 12. Le premier vin tiré, aussi-tôt la vendange restante a été fortement brisée & brassée. Mais cette derniere opération s'est faite difficilement, vu qu'au premier foulage on avoit brisé trop de vendange. Immédiatement après cette opération, j'ai goûté le vin de la cuve, qui étoit plus dur, plus ferme & plus nourri que le premier :

il n'avoit que très peu de la douceur du moût, fi
même on peut dire qu'il en eût. La fermentation s'eft
établie avec la plus grande rapidité. Le lendemain
matin, le fumet déjà vineux, mais encore très chargé
de la vapeur de la fermentation ; le 16, à huit heures
du matin (& on l'auroit pu dès la veille), le vin,
après en avoir arrofé le marc quelques heures aupara-
vant, a été tiré de la cuve. Dès ce moment-là même,
il étoit de la plus grande qualité, & on ne peut pas
plus agréable. Suivant les deux lettres que m'a fait
pafler M. de la Galaifiere, en date des 22 Novembre
& 20 Mars derniers, ce vin eft excellent & fupérieur
aux meilleurs vins du pays. Or, les meilleurs vins du
pays font faits avec la meilleure de toutes les efpeces
de raifins, le pineau, autrement dit morillon ou au-
vernat. Je n'eftime guère moins ce vin que celui de
M. de Maraffé, vendu 400 liv. C'eft un vin étonnant
pour la qualité des raifins, mais qui cependant auroit encore été plus parfait à tous égards, fi le premier
foulage n'avoit été que du quart de la vendange, au
lieu d'être de la moitié ou environ : je penfe auffi
qu'on auroit bien fait fi on l'avoit tiré & pu tirer le
15 au foir, & non le 16.

Quoiqu'il en foit, il réfulte de cette expérience,
dont le fuccès furpaffe tous ceux que j'ai eus jufqu'à
préfent, non-feulement que mes nouveaux procédés
ont le plus grand effet, mais encore qu'avec des raifins
noirs communs, médiocrement mûrs, & qui rendent
beaucoup, on peut, à l'aide de ces nouveaux procé-

dés, faire des vins auffi bons qu'avec des raifins de la meilleure efpece, plus mûrs & qui rendent beaucoup moins. Je n'infifterai point, pour le préfent, fur les avantages ineftimables qui peuvent en réfulter. Avec un peu de réflexion, il eft aifé d'en appercevoir au moins les plus frappants.

Dix feptieme Expérience, par M. Raifon, Négociant à Toul; dans fa Lettre du vingt-quatre Avril dernier, il me marque que fon vin de 1774, quoiqu'il n'ait été fait qu'en partie fuivant mes feconds procédés, vaut celui de 1766, au témoignage des meilleurs gourmets; » mon fils, ajoute-t il, qui a fuivi » exactement la façon que vous enfeignez, a réuffi » complettement; fon vin eft parfait «. Il termine fa Lettre par m'offrir, comme M. Comynet, & plufieurs autres de mes Anciens Soufcripteurs, un Supplément, s'il le faut, à fa premiere Soufcription (qui a été d'un louis d'or), pour la nouvelle Méthode de cultiver la vigne, que je lui ai promife gratuitement en fus du préfent Ouvrage, ce qui prouve d'un côté l'honnêteté de fa façon de penfer, & de l'autre la confiance qu'il a & qu'ont ainfi que lui, dans mes inftructions, toutes les perfonnes qui ont exécuté mes procédés pour faire le vin; cette confiance dans mes procédés, après les avoir éprouvés, & la préférence qu'on leur donne, fur toutes les autres pratiques locales, démontrent de la maniere la plus convaincante, non feulement leur fupériorité fur ces pratiques, mais encore leur nouveauté, foit en tout, foit en partie : autrement, pourquoi cette préférence ? *autrement , pourquoi des effets nouveaux & abſolument inconnus dans toutes les autres pratiques ?* c'eſt donc à tort que M. Macquer , dans une Approbation qu'il m'a donnée, comme Cenſeur , le vingt-huit Décembre 1772, a inſéré , en termes formels , que mes moyens pour améliorer les vins *étoient déja connus ,* & c'eſt d'autant plus à tort que , dans le Rapport ſur lequel eſt intervenu le Décret de la Faculté de Médecine , du trois Février de la même année , lui-même avoit reconnu le contraire en s'expliquant ainſi : ʼʼ nous nous contenterons de vous rap- ʼʼ peller (à la Faculté) , que ces procédés , dont plu- ʼʼ ſieurs étoient déja connus , mais trop peu pratiqués, ʼʼ & *dont quelques-autres ſont le fruit des obſervations* ʼʼ *& des recherches de M. Maupin , conſiſtent , &c.* ʽʽ Si quelques-uns de mes procédés ſont le fruit de mes recherches , il n'eſt donc pas vrai généralement , comme le dit M. Macquer , dans ſon Approbation , que mes procédés fuſſent déja connus. Cette contradiction de la part d'un Chymiſte auſſi diſtingué , & la maniere déplacée , de conſigner , ſans aucune néceſſité , ſa dénégation dans mon propre Ouvrage , me fourniroient beaucoup de réflexions , & même de plaintes à faire; mais , quels qu'aient pû être ſes motifs , pour me renfermer dans l'objet dont il s'agit ici , je me borne à l'oppoſer à lui-même. Je lui oppoſerai , cependant encore , le témoignage que j'ai déja cité , page 73 , de M. Maret , Médecin & Secretaire de l'Académie de Dijon , qui convient que c'eſt à moi qu'il doit d'avoir

de

de bon vin, & celui de M. Remond qui, dans fa Lettre du vingt-un Septembre 1771, me marque que, quoiqu'inftruit des loix de la Phyfique & de la Chymie, en qualité de Médecin, il ignoroit abfolument, avant moi, l'art de faire le vin, & qu'il m'a l'obligation de lui avoir appris les moyens de rendre le fien meilleur, &c. Ces moyens n'étoient donc pas connus, puifqu'ils ne l'étoient pas des Médecins, & même des Médecins faifant vin; puifqu'ainfi que je l'ai démontré, M. Macquer, tout grand Chymifte qu'il eft, les ignore lui même (1); mais non feulement on ignoroit la maniere, j'entens la bonne maniere de faire le vin, mais on en ignoroit les principes, & non feulement on en ignoroit les principes, mais encore la Chymie, la Chymie même en enfeignoit de contraires & d'abfolument contraires: M. Macquer lui feul, & on en fent la raifon, en eft une preuve fans réplique. C'eft moi qui, le premier, ai découvert, fixé, raffemblé & enfeigné les vrais principes de l'Art, & en ai donné une pratique raifonnée. On pourra étendre cet Art, mais ce ne fera jamais que d'après moi, c'eft-à dire d'après mes principes. On pourra en perfectionner les procédés, mais par leurs accords avec les principes, ces procédés qui font les miens, n'en

---

(1) Cet éclairciffement, au refte, ne regarde que mes premiers procédés. Le plan, le fyftême général des feconds a fi peu de rapport avec toutes les pratiques connues, que je ne penfe pas qu'on puiffe même affecter de s'y tromper.

F

feront pas moins les premiers, & les feuls jufqu'à préfent qui puiffent faire époque dans l'Art ;
mais ce ne fera qu'en conſervant la plus grande partie
des opérations que j'ai imaginées ou perfectionnées.
Ainſi il eſt vrai de dire, comme je l'ai annoncé en
commençant, que c'eſt à moi que la Chymie Françoiſe doit la manipulation des vins, c'eſt-à-dire une
de ſes plus belles parties, & peut-être la plus inté-
reſſante de toutes ; une partie qu'il eſt au moins auſſi
eſſentiel à un Chymiſte François de connoître, que
la Métallurgie à un Chymiſte Allemand.

Après la diſcuſſion critique, dans laquelle l'intérêt public & le mien propre m'ont forcé d'entrer, je
ne ſais ce que je peux me promettre de la part de la
Chymie Françoiſe. Mais s'il eſt des diſtinctions &
des récompenſes pour les hommes qui perfection-
nent les Arts, & à plus forte raiſon pour ceux qui
les créent, pour les Citoyens dont *les découvertes*,
pour me ſervir des termes même de la Faculté de
Médecine *ſont capables de procurer un bien continuel
à l'Etat & au Public* ; ſi, dis-je, il eſt encore un prix
pour les travaux les plus utiles, j'ai lieu d'eſpérer
que je ne ſerai pas privé de celui que méritent les
miens. Je ne m'étendrai point pour prouver les avantages que ne peuvent manquer d'en retirer l'Agriculture, le Commerce, les Finances & toute la nation :
comme ces avantages découlent néceſſairement des
grands effets de mes procédés, avoir prouvé ces
grands effets, c'eſt avoir prouvé auſſi ces avantages ;

ainfi toutes mes preuves font faites à cet égard ; cependant le témoignage de la Faculté de Médecine
& celui des Marchands de vin étant, comme tout le
monde le fent, du plus grand poids dans cette matiere, je crois ne pouvoir me difpenfer de les rapporter, & c'eft par là que je finis.

Décret de la Faculté de Médecine.

LE lundi, 3 Février 1772, la Faculté de Médecine a entendu le rapport de MM. Macquer, Roux
& d'Arcet, qu'elle avoit chargé de lui rendre compte
des Mémoires qui lui avoient été préfentés par M.
MAUPIN, fur les moyens de perfectionner le vin,
& de remédier particuliérement à fa verdeur dans
les années où les raifins n'ont pu acquérir une maturité fuffifante. *Le détail fait par MM. les Commif-*
faires prouve inconteftablement l'efficacité de la méthode propofée pour corriger en partie, & fouvent
même entiérement, la verdeur des vins, & pour les
rendre moins mordants & plus parfaits à tous égards.
Une boiffon auffi générale, privée de fon défaut le
plus commun & augmentée de qualité, devient un
objet également précieux pour la fanté que pour le
commerce. Les vins bien préparés & de bonne efpece
feront toujours confeillés, préférablement à tous autres, par les Medécins, qui ne s'occupent pas moins
à prévenir les maladies qu'à les combattre, & le

commerce, tant intérieur qu'extérieur, des vins de France, fera d'autant plus en faveur, qu'ils deviendront fupérieurs en qualité. (Il n'y a qu'une voix là deffus.)

Il n'eft pas douteux que les vignobles doivent fe porter à jouir de ces avantages, & à les répandre dans la fociété, puifqu'il ne tient abfolument qu'à eux, &c.

Ces motifs ont engagé la Faculté à approuver unanimement les découvertes de M. Maupin, comme *capables de prévenir les maux réels & fréquents, occafionnés par les vins d'une mauvaife qualité* (1)*, & de procurer un bien continuel à l'Etat & au Public.* Elle a donc cru devoir donner le témoignage le plus avantageux des lumieres & des travaux de l'Auteur au Miniftre, que fon zele & fa fageffe ont engagé à demander fur cet objet important, le fentiment de la Faculté. Signé L. P. F. R. le Thieullier, Doyen.

---

(1) Si les vins d'une mauvaife qualité font préjudiciables à la fanté, s'ils occafionnent *des maux réels & fréquents,* comme l'attefte la Faculté de Médecine, qui apparemment doit en favoir quelque chofe, la bonification de ces vins, leur falubrification, fi cela fe peut dire, eft un befoin, une chofe de premiere néceffité, & par conféquent une chofe qu'il eft de l'humanité, comme d'une bonne adminiftration, de ne point refufer, & au contraire, de favorifer & de généralifer le plus qu'il fera poffible. Un moyen fûr pour y parvenir, à ce qu'il me femble, au moins, feroit non pas de donner mon Livre & de l'envoyer dans les vignobles du Royaume, cela deviendroit trop coûteux, mais de permettre aux Syndics de chaque Paroiffe de vignobles, de

Avis des Grands - Gardes & Gardes en charge & anciens Grands-Gardes du Corps des Marchands de Vin à Paris.

Nous Grands Gardes & Gardes en Charge, & anciens Grands-Gardes du Corps des Marchands de vin à Paris, en délibérant fur le Mémoire qui nous a été adreffé par M. Maupin, concernant les principaux inconvénients qui réfultent de la verdeure des vins, par rapport au commerce ; fommes unanimement d'avis, d'après notre premiere expérience, que les vins qui ont beaucoup de verdeur, & en général tous les vins foibles & mal conftitués, font très défavantageux au commerce des vins.

---

foufcrire & prendre, pour la Communauté qu'il repréfente, un exemplaire du préfent Ouvrage ; & non feulement cela, mais encore ce feroit d'inviter, au nom du Roi, tous les Seigneurs de vignobles, & particuliérement les Curés & toutes les Maifons Eccléfiaftiques & Religieufes ; à recommander, chacun dans leur canton, l'ufage de mes procédés, & fur-tout à en donner l'exemple. Les Imprimés qui feroient diftribués, à cet effet, par MM. les Intendants, ne coûteroient pas cent louis au Gouvernement, & au moyen de la Lifte des Soufcripteurs, mife fous les yeux du Public & du Roi même, produiroient en très peu de temps l'établiffement général de mes procédés, au grand avantage de tous, & fans contraindre perfonne ; car il me femble qu'invitation, de quelque part qu'elle vienne, n'eft pas contrainte quand elle laiffe la liberté de faire ou de ne pas faire, & furtout quand elle eft générale, & qu'elle ne fait qu'expérimenter le vœu du Prince pour une chofe utile.

1°. En ce que ces fortes de vins faifant prefque toujours une mauvaife fin, quelqu'abondants qu'ils foient, il n'eft jamais poffible, fans courir les plus grands rifques, de s'en charger, & par conféquent de former fur ces fortes de vins aucune fpéculation; ce qui prive le Commerçant d'une des principales reffources qu'il ait pour faire avantageufement fon commerce.

2°. En ce qu'il fe confomme d'autant moins de vins qu'ils ont plus de verdeur & moins de qualité, comme nous l'éprouvons journellement, parceque les perfonnes qui font ordinairement ufage de ces vins, les trouvant trop verds, s'en dégoûtent & en boivent beaucoup moins que lorfqu'ils les trouvent plus entrants & à leur goût; la verdeur & la dureté de ces vins les rebutent à un point, qu'une grande partie du petit peuple aime mieux s'en paffer habituellement, que de payer trop cher un vin qui lui répugne & qu'il trouve d'ailleurs trop foible pour le foutenir dans fon travail; d'où s'enfuit inévitablement une diminution très confidérable dans la confommation, & par conféquent dans fa vente, qui, fuivant les circonftances & les années, peut aller quelquefois *jufqu'à un quart moins que fi les vins avoient été meilleurs* (1).

____

(1) Quelle perte pour les Vignobles, pour le Commerce, pour les Finances & pour les Villes, les Provinces & les Hôpitaux qui perçoivent ces droits fur la confommation des vins!

Vu ces inconvénients & le grand préjudice qu'ils portent à la consommation, nous pensons qu'il seroit fort à desirer qu'on pût prévenir en tout ou au moins en partie, la verdeur & les autres mauvaises qualités des vins, dans les années défavorables ; que dans ces années, abondantes ou non, la consommation en seroit considérablement augmentée au grand avantage, non-seulement du commerce, mais encore des vignobles, des droits du Roi & de l'Etat. Améliorer les vins, c'est bien sûrement en accroître la consommation, & par conséquent le commerce. Cette considération nous porte, non seulement à inviter les propriétaires des vignobles à pratiquer les procédés de M. Maupin, pour faire les vins rouges ; procédés dont nous avons reconnu & constaté nous-mêmes les bons effets (dans l'expérience de M. Parent), mais encore à engager très fortement M. Maupin à faire part au Public des vues qu'il a annoncées pour *la façon des vins blancs que* nous pouvons assurer n'avoir pas moins besoin d'être améliorés que les vins rouges (1). Tel est notre avis sur le Mémoire de M. Maupin ; en foi dequoi nous avons signé le présent pour servir & valoir ce que de raison. A Paris le cinquieme jour de Mai, 1775. *Signé* G. G. le Rat, Gobert, Chaulay, Seye, Boivin, Vaché, le Rat, & Darlot.

---

(1) Ma réponse est dans la Préface.

FIN.

www.ingramcontent.com/pod-product-compliance
Lightning Source LLC
LaVergne TN
LVHW020841200726

843508LV00003B/1019